區塊鏈
與加密資產
- 投資指南 -

HashKey Capital － 著

商務印書館

區塊鏈與加密資產投資指南

作　　者：HashKey Capital

責任編輯：甄梓祺

封面設計：高　毅

出　　版：商務印書館（香港）有限公司
　　　　　香港筲箕灣耀興道 3 號東匯廣場 8 樓
　　　　　http://www.commercialpress.com.hk

發　　行：香港聯合書刊物流有限公司
　　　　　香港新界荃灣德士古道 220-248 號荃灣工業中心 16 樓

印　　刷：美雅印刷製本有限公司
　　　　　九龍觀塘榮業街 6 號海濱工業大廈 4 樓 A

版　　次：2022 年 12 月第 1 版第 3 次印刷
　　　　　© 2022 商務印書館（香港）有限公司
　　　　　ISBN 978 962 07 6666 4
　　　　　Printed in Hong Kong

目錄

序言
加密資產投資：從邊緣走向核心

1985 年回到耶魯大學掌管學校投資管理辦公室的戴維・斯文森（David Swensen），30 多年間把當時 10 億美元的大學捐贈基金壯大到目前的 310 億美元。2021 年 5 月初斯文森離世，引發了全球投資界的各種各樣的悼念。他開創了被投資界紛紛效仿的「耶魯模式」，從而被視為「教父」級別的人物。

大學捐贈基金應該算是世界上最保守的投資機構了，而斯文森革故鼎新，在基金資產配置和投資組合中引入三項新舉措：一是加入 VC、PE 和對沖基金等另類策略；二是納入大宗商品甚至林地等實物資產；三是將投資區域擴大到新興市場。斯文森的前瞻和睿智，是耶魯大學捐贈基金投資回報卓然而立的核心原因。

另類投資資產與策略永遠是一個處於發展中的理論和方法體系。沒有最優，只有更優。自 2009 年，比特幣橫空出世以來，一類新的資產類別 —— 加密資產（crypto assets），開始逐漸引起投資者的關注。記得 2010 年有人花一萬個比特幣，才換來兩個披薩。時至今日，一個比特幣在 4 萬美元上下，而整個加密資產市值接近 2 萬億美元。

是時候了！作為專業投資機構或者合資格投資者，我們已經不能無視作為另類資產類別的加密資產了。我們應該懷着對新技術、新趨勢、新世界的樂觀主義態度，認真地探討能否以及如何在我們的資產配置當中納入加密資產，發展加密資產投資的另類

策略。1991 年 8 月 6 日，Tim Berners-Lee 在互聯網上公開介紹了 WWW 萬維網；到十年之後的 2000 年，大型互聯網公司在那時候已經基本成型，這些互聯網公司的股票，可以說是這 20 年來表現最好的資產了；2009 年比特幣區塊鏈系統誕生，到今天也剛剛十年多一點時間，區塊鏈的技術開始成熟，區塊鏈應用雛型開始湧現，接下來也許應該是加密資產接棒互聯網股票，在未來 20 年貢獻最佳回報了吧。

牛津大學新經濟思想研究所所長埃里克·拜因霍克（Eric Beinhocker）在其巨著《財富的起源》中談到一件趣事：他到肯尼亞作田野調查時，當地馬賽人打聽拜因霍克的家庭財富，在了解到教授家連一頭牛都沒有時，好奇他怎麼有財力千里迢迢來到肯尼亞，還能擁有看上去很昂貴的照相機。在馬賽人眼裏，財富是以牛的數量來衡量的；而現代人的財富則以銀行賬戶裏的一串串字符或者一張張塑料卡片來衡量的。未來，人們的財富將體現為數字錢包裏面的加密資產。

拜因霍克認為「財富必然是進化過程的產物」。他觀察到人類財富大爆發始於 1750 年期間，「超過 97% 的人類財富是在最近 0.01% 的歷史階段被創造出來的」。教授認為這裏面的底層邏輯在於以牛頓為代表的科技革命，及以英美為代表的社會革命，大大加速了財富創造的速度。而加密資產，是人類社會繼工業革命、信息革命之後，數字化革命的大歷史趨勢下，財富進化的新形態 —— 財富的數字化形態。

2021 年開始，全球的加密資產投資和交易，已經開始從邊緣走向核心：歐美各大銀行開展了加密資產的託管業務；美國證監會已經收到了十幾個關於比特幣 ETF 的申請；各種私募加密資產投資基金 AUM 已經超過 500 億美元；各家私人銀行或財富管理

機構已經為合資格客戶提供加密資產交易和保管服務；VISA、PayPal 甚至 Apple Pay 也都接受比特幣支付和交易；全球最大的數字貨幣交易所 Coinbase 已經在納斯達克掛牌上市……

在人們對投資加密資產的興趣愈來愈高漲的今天，確實需要一本全面深入介紹加密資產的指導性書籍。HashKey Capital 的小夥伴們，響應客戶和市場的需求，結合他們過去多年在加密資產方面的先行投資經驗，推出《區塊鏈與加密資產投資指南》一書，如春風化雨，恰逢其時，潤物無聲。

在此，預祝《區塊鏈與加密資產投資指南》一紙風行！

肖風

中國萬向控股有限公司副董事長

萬向區塊鏈實驗室創始人

前言
區塊鏈和加密資產投資
── 站在變革的起點上

　　區塊鏈作為一項可能改變未來經濟體系的技術，已經誕生超過十年了，隨之誕生的加密資產也從一段段代碼變成了價值 2 萬億美元的龐然大物。區塊鏈作為一個行業，仍然處於早期發展的階段，我們欣喜地看到區塊鏈開始在下一代技術和商業領域嶄露頭角，如跨境支付、供應鏈管理、物聯網存證以及央行數字貨幣等。毫無疑問，在區塊鏈和加密資產逐步被主流所接納的過程中，投資機構扮演了非常重要的角色。如果說區塊鏈技術和加密資產是對顛覆傳統金融體系一次大膽的嘗試，那投資機構就是這嘗試的催化劑，兩者的理念有極大的契合之處。哈佛教授湯姆‧尼古拉斯（Tom Nicolas）在《風投》一書裏面談到，風投是一種精神狀態，表現對創新、冒險的極大渴望，以及來自追求回報的驅動。

　　2008 年以來，全球經歷了科技創新帶來的進步、社會運轉和人類生活方式的改變，在美國誕生了 FAANG 這樣的互聯網科技巨頭，在中國也出現了騰訊、阿里這樣的現象級公司，這對投資機構來說意味着巨大的機會，兩個週期前誕生的互聯網在上一個十年結出了碩果。而誕生於金融危機的區塊鏈和加密資產，則很有可能在下一個週期大放異彩，目前符合傳統「獨角獸」定義的加密項目，至少已經超過 100 家。這中間巨大的機會，已經從原生

加密社區進入到主流機構的視野中：Facebook 開發的全球支付和金融網絡 Diem，將為全球數字貨幣用戶搭建一套基礎設施；全球最大的合規交易所 Coinbase，已經在 2021 年於納斯達克上市，市值曾高達 900 億美元，還有諸多加密項目已經開始排隊上市。保守估計，在未來的兩到三個行業週期內，加密資產和區塊鏈項目的合計估值可以達到至少 10 萬億美元。

HashKey Capital 作為業內早期參與區塊鏈和加密資產投資的 VC 投資管理人，團隊成員經驗豐富，從 2014 年便參與區塊鏈項目投資，2018 年開始以機構化的模式全面佈局全賽道區塊鏈生態，秉持長期投資、價值投資的理念，累計參與項目已達 400 多個。HashKey Capital 及其團隊成員早期深度參與了以太坊、波卡、Dfinity、 Cosmos 等眾多知名項目，為區塊鏈和加密資產世界注入力量，並在這個過程中參與生態建設、支持開發者和投資項目，我們和整個區塊鏈世界一起成長的夢想已經逐步化為現實。我們在整個加密資產投資的旅程中，收穫了諸多經驗和教訓，既登上過山峰，也遊覽過山谷，對整個加密資產世界的認知水平也日新月異。

我們長期秉持的方法論是，將傳統金融經驗，結合到區塊鏈和加密資產的投資活動中。傳統金融經驗可借鑒之處在於：資產和團隊的評估框架、基金營運管理的經驗和手段，以及如何向願意進入到這個領域的投資者闡述我們的願景和使命。區塊鏈世界的進展一直是兩條主線：一條是技術的發展，另一條就是另類資產的組合管理。背後的本質是公鏈和聯盟鏈的抗衡，聯盟鏈將成為被認可的形式、被機構所採納，而公鏈生態的加密資產會率先被主流機構納入囊中，其次是公鏈的平台底層作為更加開放的基礎設施，會長遠地重塑整個金融體系。

　　加密資產的特殊性在於，長久以來很難找到一種合適的傳統行業的估值框架來評估，因為大部門加密資產的價值來自於共識，而如何衡量共識更像一門藝術。而隨着開放金融（DeFi）的起步，我們發現應用傳統金融經驗的道路是正確的，DeFi 行業已經證明可以產生相當可觀的現金流，傳統的方法完全適用。這是我們對加密資產在 2020 年以來的最大改觀，方法論適用性的增加，意味着更多傳統機構可以看懂這個行業，也意味着這裏終於要出現可以與傳統互聯網、消費行業並舉的加密獨角獸陣營了。

　　加密投資機構的作用，在於以精準的眼光識別機會並管理風險，在反覆推演後精心佈局。《棋經》有云：「弈棋佈勢，務相接連。自始至終，着着求先。」我們以生態建設的思路，尋找通往未來關鍵位置的落子之處，以生態帶動投資，以投資推動生態，務求先機，形成了連環縈繞的佈局之勢。

　　我們本書的目的，一方面是總結團隊多年以來以投資及機構角度的參與經驗和思考；另一方面，隨着主流機構的進場及加密世界的成熟，我們希望可以將階段性的思考呈現給即將或者剛剛開始加密之旅的同仁們，為這個令人心動的旅程提供一份參考。本書的架構是我們認知結構的體現，第一部分縱向地分析區塊鏈和加密行業的沿革，第二部分橫向地從投資角度審視行業生態，第三部分是本書精華，即整個投資管理框架的策略與實踐。希望借助這樣簡單清晰的體系，為讀者帶來最直觀的感受和體驗。

　　投資管理疊加區塊鏈與加密資產之旅，可以説是富冒險精神的探索者在新世界的樂園。我們對新世界的各種風景流連忘返，雖然文字難言其精彩，然而秉持加密文化開放、透明、包容的理念，不敢獨享，落筆成書，以饗讀者。

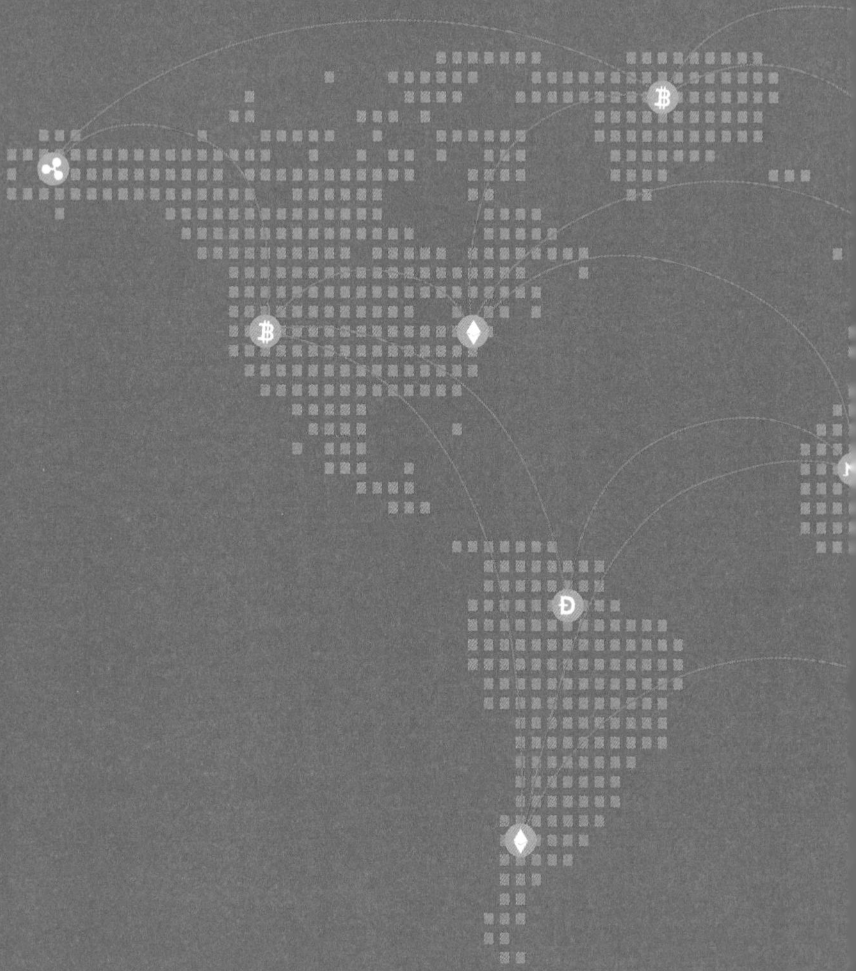

第一部分

區塊鏈及加密資產
投資簡史

第 1 章

極客時代

當加密資產還是
非主流玩物

比特幣的創世紀總能回溯到賽博朋克（cyberpunk），是數字（cyber）與朋克（punk）結合，是一個科幻小說下，描繪了未來高科技條件下，社會崩壞與重組的圖景。1996 年的《賽博空間獨立宣言》中，「互聯網是一個獨立世界」有了很濃厚的 crypto 意味。從賽博朋克引發出了密碼朋克（crypto punk），集搖滾樂及嬉皮士的集體宗教、烏托邦、賽博朋克、自由與叛逆於一體。1,400 個極客們通過郵寄清單討論對未來的暢想，無拘無束，有不少人都是互聯網界舉足輕重的人物，這當中也包含着一個改變時代的名字──中本聰。後來的故事是，隨着比特幣產生、區塊鏈技術出現，一股不同以往的風潮席捲全球。

區塊鏈至今都有當初密碼朋克的影子，如崇尚技術、崇尚隱私保護、喜好個人英雄主義、追求制度的進化和個人價值的超脫等。但是歷史的進程可能並不由創始人決定，如今我們看到區塊鏈已經走向極度包容，這何嘗不是一種賽博朋克的精神。然而，基因就是種子，區塊鏈的主流化不會影響最初的種子發芽，沒有那樣種子也就不會長出令人驚異的花朵。比特幣的所有特性至今仍然影響着每一個參與者，我們就從誕生開始，來了解這個偉大時代的故事吧。

1993 年埃里克・休斯（Eric Hughes）出版的《密碼朋克宣言》第一次提到了密碼朋克這個詞語，而在此之前「密碼朋克」就作為一種技術潮流，在三藩市灣區悄然興起了。這個羣體由一些「天才極客」和 IT 精英組成，有英特爾的科學家兼維基解密創始人 Tim May、萬維網的發明者 Tim Berners-Lee、Facebook 的創始人之一 Sean Parker，當然還包括比特幣之父中本聰。密碼朋克的目的很明確，他們追求極致的自由和隱私，在互聯網上使用增強式

加密演算法來保護個人資訊和隱私，以免受到攻擊，而不是指望政府、企業等大型組織來保護個人的隱私權。在上世紀 90 年代，相繼誕生了盲簽名、PGP、哈希現金（hashcash）、B-money、點對點技術等，這些技術也為後來區塊鏈的誕生打好了基礎。但是由於思想過於超前，這些技術在當時並沒有被廣泛應用，隨着時間的推移，密碼朋克組織也漸漸解散。2008 年 10 月，一個名為中本聰（Satoshi Nakamoto）的匿名人士向密碼朋克郵寄清單發佈了一篇論文〈比特幣：P2P 電子現金系統〉。比特幣直接借鑒了 B-money 和哈希現金的模型，同時解決了前兩者所遇到的問題，區塊鏈的概念才第一次被人們廣泛認識。

1.1　創世 ── 比特幣誕生於經濟危機

自互聯網誕生以來，互聯網虛擬世界不斷地擴張和發展，逐漸形成了一個與現實世界相平行的互聯網世界。以上兩者存在很多交集，也有各自的獨特性，但是在金融領域，互聯網還是停留在技術和工具的層面。隨着科技的發展，互聯網誕生時的宣言也逐漸被淡忘，無國界的互聯網在逐漸瓦解，人們逐漸接受了網絡是有國界的，各國也在加強對互聯網的監管。早期的密碼朋克一直追求在互聯網上構建金融和貨幣系統，來實現貨幣的全球即時交易。2008 年 11 月 1 日，中本聰在網絡上發表了比特幣白皮書，這是在多位密碼朋克的不斷嘗試後，經過融合和改進而誕生的。北京時間 2009 年 1 月 4 日，中本聰在芬蘭赫爾辛基的一個小型伺服器上，創建了比特幣的創世塊（Genesis Block），並獲得了 50 枚比特幣區塊的獎勵，從此比特幣開始了其傳奇生涯。比特幣的白皮書十分簡短，但內容卻清晰明瞭。白皮書解釋了建立去中心

化授信的交易系統的必要性，解決了所用的區塊鏈技術問題，設計了工作量證明共識方案、激勵的 BTC 經濟模型和基於非對稱加密的交易簽名和驗證方式。比特幣網絡只要有足夠多的用戶共同維護，網絡就不會受到單一個體攻擊，整個網絡中只要多數用戶是誠實的，就可以達到網絡的共識和統一，從而解決了拜占庭將軍問題（Byzantine Generals Problem）。

比特幣於金融危機時期誕生。2008 年美國遭遇了嚴重的次貸危機，為了應對危機，美國啟動量化寬鬆，不停超發貨幣，甚至動用公共資源來拯救美國房地產市場。這也引起了全球的金融海嘯，股市踩踏式暴跌，匯率大幅波動，所有人手上的資產都在貶值。而比特幣總量恆定，沒有中心化機構的控制，在經濟發展中具有抵抗通脹的作用。

1.2　中本聰的消失

2010 年 12 月，中本聰在比特幣論壇中發表了最後一篇文章，提及了最新版本軟件中的一些問題，隨後便銷聲匿跡，只通過電子郵件與比特幣核心開發團隊的少數人保持聯繫。中本聰的消失也帶給比特幣一種傳奇色彩，同時他的消失也為比特幣的發展掃清了道路，比特幣變得更加去中心化，人人可以參與並且沒有任何人主導比特幣。或許中本聰早就預料到自己對比特幣發展的障礙，因此借鑒前輩失敗的經驗，在比特幣步入正軌後默默離開。比特幣的價格也經歷了多次如過山車般的劇烈波動，從誕生有價格開始出現了多次超過 10 倍的上漲和腰斬的情況。2017 年，比特幣早期開發者 Mike Hearn 公開了他與中本聰在 2009-2011 年間完整的郵件往來內容。2009 年 4 月 12 日的郵件裏，中本聰樂觀

預測比特幣能像 Visa 那樣成為一個世界性的支付系統。2018 年 12 月 1 日，中本聰的 P2P Foundation（第一次發佈比特幣白皮書及開源代碼的地方）賬戶突然進行了狀態更新，只寫了一個詞：nour，此前他添加了行銷專家 Wagner Tamanaha 為好友。2014 年該賬號遭受黑客攻擊，此次更新是否本人還未能確定。

1.3　交易 —— 比特幣的早期支付

比特幣作為電子貨幣，自然要實現轉賬和實際交易的功能。2009 年 1 月 12 日，中本聰將 50 枚比特幣中的 10 枚轉給了比特幣早期開發者 Hal Finney，這是第一筆比特幣轉賬。2010 年 5 月 22 日，一位名叫 Laszlo Hanyecz 的程式師用一萬枚比特幣購買了兩個披薩（約 40 美元），這是比特幣第一次在現實生活中交易應用。2018 年 2 月 25 日，Laszlo Hanyecz 同樣用比特幣購買了兩個披薩（約 62 美元），這次僅花費了 0.00649 個比特幣。

1.4　賦予新的作用 —— 價值儲存

在比特幣誕生的十餘年內，價格經歷了多次劇烈波動，包括多次超過 10 倍的漲幅和價格腰斬，但比特幣的大趨勢依舊是向上，短短十餘年內獲得了上百萬倍的漲幅，超過人類歷史上任何資產的漲幅。2020 年隨着機構的進場，比特幣上漲至 40,000 美元，再次推升到歷史高位，比特幣也逐漸被主流機構認可。

雖然獲得了巨大成功，但比特幣支付並沒有成為主流的支付手段，這本質上偏離了白皮書的最初願景，因為普通一筆 BTC 轉賬需要等待六個區塊（1 小時）的確認，大額轉賬需要等待更久。

這並不能滿足日常生活中對交易效率的要求，但是比特幣為線上轉賬提供了一種匿名的選擇，這是人類歷史上第一次用技術手段保障了私有財產神聖不可侵犯。交易者脫離了銀行的控制，資金來往更加自由，同時風險也變得更高，給一些非法交易提供了途徑。

如今，比特幣的更大意義在於價值的儲存與資產的全球自由流通，因為總量恆定，投資者會將其作為抵抗通脹的選擇，而在那些政局不穩、戰亂頻發的國家則成為了一種避險資產。

1.5　社區 —— 密碼朋克的烏托邦

比特幣有三個早期論壇，其中一個是由中本聰創立的 bitcointalk.org，一個是比特幣開發者 Martti Malmi 創立的 bitcoin.org，還有一個是 reddit 上面的 Bitcoin 板塊，這三個論壇上面其實也是有管理者、意見領袖及重要的討論者，這裏面也有一定的社區治理。早期的比特幣基金會於 2012 年成立，起初是為了應付美國政府對比特幣合法性的質疑。在隨後的兩三年時間裏，基金會對開發和社區治理都起到一些作用，2015 年後漸漸銷聲匿跡。

我們所熟知的幾位比特幣早期推動者，Hal Finney、Gavin Andresen 及 Cobra 都與早期社區有着諸多聯繫。

Hal Finney 在上世紀 90 年代初曾與 Phil Zimmermann 一起創建了最早的匿名重郵器 PGP，2004 年創造出首個可重複使用的工作量證明系統 Reusable proof of work system。他還是 Extropians 運動的活躍分子，試圖解決超人類主義和人類壽命延長等帶來的問題。比特幣史上的第一筆交易就發生在中本聰與 Hal Finney 之間。早在十多年前，他首批加入到比特幣開源項目編碼中，2009 年，他從中本聰那裏得到了第一個比特幣。2009 年查出患漸凍症

(ALS)，於 2014 年 8 月 28 日離世，遺體儲存在攝氏零下 196 度的低溫環境中，期待將來醫學科技足夠發達時再予以解凍，是人體冷凍技術的首個採用者。

Gavin Andresen 在 2010 年由中本聰本人邀請加入比特幣社區，自此開始組建軟件研發團隊，他是有權更改比特幣代碼和處理比特幣交易的五位開發人員之一。2010 年創立了 Bitcoin Faucet 網站，向每名訪問者免費派發五枚比特幣，該網站的目的在於儘快讓比特幣在全世界流通。2012 年創立了比特幣基金會，作為比特幣管理的最高層。在比特幣現金（BCH）分叉後，他成為了 BCH 最重要的支持者之一，在 Gavin 看來，BCH 是最接近中本聰最初設想的比特幣鏈。

Cobra 是早期的比特幣支持者，和其他管理人共同擁有 Bitcoin.org、r/bitcoin 和 Bitcointalk.org 這三個比特幣社區網站的管理許可權，但是 Cobra 本人和中本聰一樣，一直是匿名的。

在社區中，密碼朋克們共同探討治理方案，如何正確引導比特幣發展，更大化地發揮比特幣的用途。在早期的過程中，參與者普遍將比特幣看作是一場社會實踐，並沒有真正意義上的公司化運作，很多參與者也並不認可比特幣存在很高的價值。

1.6　　區塊鏈與比特幣

雖然現在普遍認為，比特幣是點對點的去中心化網絡，也是網絡上的支付通證，而背後的技術是區塊鏈。但是從比特幣的白皮書中我們看到，作者並沒有提出「區塊鏈」的概念，而只是提到了 block 的賬本形態，以及將賬本連接到一起的 chain 鏈式結構，所以在早期，對於區塊鏈的稱謂仍然是 block chain，而不是現在

的 blockchain。就現在來看，大部分人對這種點對點去中心網絡的認識仍然是從比特幣開始，然後進入到區塊鏈技術的領域。比特幣的誕生帶有極強的朋克精神，在金融危機的時代背景下，比特幣擔負起了密碼朋克改變現狀的希望。

我們可以從 1993 年埃里克·休斯寫下的《密碼朋克宣言》看到密碼朋克是如何看重隱私保護、資訊自由等重要性的。

- 在數字時代，隱私權對於開放社會是十分必要的。
- 對於隱私而言，言論自由更為基本，是開放社會的基石。
- 交易者只需獲取該筆交易需求的相關資訊即可。
- 開放社會中的隱私權需要匿名交易系統。
- 在開放社會中的隱私權依舊對密碼學充滿期待和渴求。
- 加密是為了表明人們對隱私權的渴望。
- 數字技術可以實現匿名隱私權。
- 密碼朋克致力於創建一個匿名的系統。
- 密碼朋克譴責對加密技術的管制，因為加密技術是私密行動的最基本操作。
- 密碼朋克積極致力於維護網絡安全隱私，讓我們攜手同行。

我們發現密碼朋克的訴求，都可以在比特幣身上找到，所以比特幣可以說是承載了密碼朋克的夢想，並真的帶入了現實之中。比特幣的技術也是集各家之大成，包括先驅們的 e-cash、b-money、p2p 等，創造性地採用了鏈式數據結構，可以說是極客時代的頂尖代表作。

對於比特幣的上限為何設置為 2,100 萬枚，由於無從考證，只能說是創造者「中本聰」的個人發揮，當然就算選擇其他數量作

為上限，也仍舊會被考證，所以歸結為個人偏好或許更為恰當。而更有一種被人接受的說法是，來自於電影《銀河系漫遊指南》，因為其中提到關於一切的最終答案是 42 ("the Answer to Life, the Universe and Everything is 42")，21 取其一半。也有人認為這個答案本身就指向虛無，42 本身也不包含任何意義，更像是一種科學家的惡搞。

1.7　比特幣的模仿者們

在比特幣誕生兩年後，2011 年出現了兩款新的加密貨幣，一款是 Namecoin，而另一款就是至今仍活躍在加密貨幣舞台的 Litecoin。這兩款加密貨幣都有 Bitcoin 的影子。

Namecoin 根據網域名稱系統所搭建，其實是比特幣的一種分叉幣，基於比特幣的代碼所實現，並且總量上限也是 2,100 萬枚。2010 年 9 月，在 BitcoinTalk 論壇上開始了一場討論，討論的是一個名為 BitDNS 和比特幣通用性的假設系統。Gavin Andresen 和 Satoshi Nakamoto 參加了 BitcoinTalk 論壇的討論，支持 BitDNS 的想法，並於 2010 年 12 月在論壇上宣佈了實施 BitDNS 的獎勵措施。2011 年 6 月，維基解密在 Twitter 上提到了這個項目。在第 19,200 區塊 Namecoin 激活了合併挖礦升級，允許同時挖比特幣和 Namecoin，而並非必須二選其一；這修正了礦工因追逐利潤而從一個區塊鏈跳到另一個區塊鏈的問題。

Namecoin 的格言也非常有意思：Bitcoin frees money —— Namecoin frees DNS, identities, and other technologies.

Namecoin 和 Bitcoin 一樣都採用 SHA-256d 加密演算法。

萊特幣（Litecoin）也是在 2011 年發佈，比 Namecoin 遲六

個月，Litecoin 由前 Google 工程師李啟威（Charlie Lee）創建。Litecoin 的上限定於 8,400 萬枚，取款時間設置為 2.5 分鐘，為比特幣區塊時間的四分之一。萊特幣一上來就沒有超越比特幣的意圖，那一句「比特金，萊特銀」仍然不絕於耳。萊特幣致力於提升比特幣的交易性能，例如縮減交易時間、降低交易費用、更加分散的採礦網絡、降低稀缺性等。如今萊特幣仍然活躍於加密貨幣的舞台上，仍然是排名前十的加密貨幣。

狗狗幣（Dogecoin）

Dogecoin 的創始人是工程師 Billy Markus 和 Jackson Palmer，主要被當作一種搞笑的方式，且主要特色是發行無上限，標誌為一個日本柴犬的圖像。狗狗幣的流行來自於「玩梗」，Doge 這名稱來自某部動畫中狗的稱呼，後來和這個柴犬形象掛鈎。該表情包隨後在社交網絡上廣傳，並被評為年度 Meme。

創始人之一的 Jackson Palmer 為了讓自己創造的、用於支付的加密貨幣有更廣的受眾，決定使用 Doge 作為該加密貨幣的主要標誌，於是他購買了 Dogecoin.com 用於推廣，Markus 見到後決定加入並進行開發。

Dogecoin 基於 Litecoin 延伸出來，Litecoin 分叉出了 Junkcoin，Junkcoin 分叉出了 Luckycoin，且與 Litecoin 使用相同的加密演算法，即使用 Litecoin 礦機也可以挖 Dogecoin。

Dogecoin 在 2013 年 12 月份被創造出來，於 2014 年 1 月，其交易量曾經一度超過比特幣。2015 年，創始人 Palmer 完全退出了該項目，並清空了自己的 Dogecoin。

直到 2019 年，Dogecoin 似乎又活了過來，特斯拉首席執行

官 Elon Musk 戲謔地高票當選為該幣的 CEO，隨後 Musk 也表達了對 Dogecoin 的喜愛，並不時於 Twitter 發佈與 Dogecoin 相關的內容。2021 年 5 月，Dogecoin 一躍成為全球第四大數字資產，緊隨 Bitcoin、Ethereum 及 BNB 之後。

Dogecoin 得以流傳開來有諸多原因，一是 Elon Musk 的大力鼓吹；二是頑梗文化（Meme）在 crypto 世界裏極為盛行，doge 的形象也有很強的文化基礎，並在社交網絡上不斷衍生出更多的梗；三是 dogecoin 容易理解，只有支付功能，比其他加密資產所負載的複雜功能，更容易被圈內及圈外人所接受。

Dogecoin 的流行主要歸因於文化和傳播因素，並不是幣本身有多少價值。但是可以看出作為一個創世之初以搞笑為特色的加密貨幣，其進程是由大眾所完成的。加密資產的內涵不是創始人能決定，必須由社區和文化賦予更多生命。

參考資料

〈密碼朋克（Cypherpunk）〉，簡書網（https://www.jianshu.com/p/1fd307914104）。

〈幣圈最神秘社區探秘〉，幣乎網（https://bihu.com/article/1248260442）。

第 2 章

初步商業化

加密資產基礎
設施的出現

　　比特幣在 2009 年誕生之後，與其配套的早期的金融基礎設施開始逐步建設，因為比特幣本身的金融屬性，早期的創業者主要聚焦在交易所、錢包和礦機領域，隨着這些基礎設施的不斷完善，比特幣生態的投資價值也不斷顯現。

　　雖然比特幣在發展過程中出現了諸多重大事件，但交易所成交量的不斷增大和不斷創新是大勢所趨，內生需求是比特幣可持續發展的基礎。加密貨幣交易所的數量愈來愈多，進入的玩家也逐漸多了起來。對於交易所出現的多次盜幣和風險事件，比特幣持有者對交易風險的意識提高了，交易所也認識到用戶資產安全的重要性大於一切。原始的比特幣錢包使用門檻較高，能夠接觸和實際了解的人較少，這就給予了錢包服務商落地的條件，錢包服務商從中心化交易的模式逐漸過渡到獨立營運再到去中心化，保護用戶的隱私和安全是首要發展目標。比特幣的一輪牛市激發了礦工們挖礦的熱情，全網算力不斷提升，難度不斷升級是整體的趨勢，挖礦方式也在不斷更新。在這樣的生態下，大量礦池服務商和礦機製造商應運而生，礦池和礦機的不斷升級和更迭，又進一步地提高了比特幣挖掘的機會，愈來愈多的礦工也從挖取比特幣賣出獲得利潤，變成挖取比特幣後保存等待升值。

　　另外，一些早期的風險投資機構也看中了比特幣生態的投資價值，以及加密資產這種高風險、高收益屬性，與風險投資的投資策略相當吻合。在機構投資加密資產的路上，風投走在了最前頭。他們幫助初創企業團隊融資，開展區塊鏈項目，這就像 20 世紀 90 年代大量資金湧入互聯網企業一樣，而日後這些商業化的項目也為風險投資者打開了財富的大門。

2.1 商業化的基礎設施

在比特幣誕生之後，出現了一批早期的創業者，他們看到了比特幣的商業價值。為了推升比特幣的商業價值，使比特幣被更多人接受，這些聰明的價值發現者們創設了交易所、錢包以及礦機礦池等商業化的基礎設施，為後來比特幣市場的繁榮奠定了基礎。

2.1.1 第一代交易所

（1）全球首家 BTC 交易所：Bitcoinmarket.com

2010 年 3 月，全球首家比特幣交易所 Bitcoin Market 出現了。2010 年 1 月 15 日，一位在 Bitcointalk 論壇的用戶 dwdollar 首次提出了建立交易所的想法，試圖創立一個人們可以互相買賣比特幣的自由市場。在這個市場中，比特幣被視為商品，人們能夠用美元交易比特幣並推測其價值。兩個月後，Bitcoinmarket.com 平台上線，支援自動託管交易，且採用 PayPal 進行支付。起初平台交易量並不大，3 月 17 日 Reddit 帖子中有這樣的表述：「現在有 9 人註冊，但只有 3 人存款，我自己做了 9 人中的第 4 個。今天中午才進行了第一次真正的交易。」此外，由於是首家交易平台，整個平台可以說是漏洞百出，Bitcoinmarket 上線運行時經常出現 bug，交易所對此只能不斷修修補補。隨着日後比特幣的價格飆升，詐騙者的數量也在不斷增加。2010 年 6 月 4 日，由於受到 PayPal 用戶欺詐，平台最終還是撤掉了 PayPal 支付選項，交易量此後開始迅速萎縮，最終同月 Bitcoinmarket.com 下線。Bitcoin Market 來去匆匆，時至今日，人們仍然無法知道該交易所的確切關閉日期。雖然 Bitcoinmarket 關閉了，但交易所的出現，在比特幣歷史上具有里程碑式意義。

(2)「一代霸主」Mt. Gox

2010 年 7 月，一個比特幣的忠實粉絲，美國企業家 Jed McCaleb 推出了 Mt. Gox，他也是日後 Ripple 的創始人之一，Mt. Gox 成為了 Bitcoin Market 的繼任者，到了 2014 年，該交易所的比特幣交易量達到全球的 70%。Mt. Gox 相比於 Bitcoinmarket. com 平台技術水平要高出許多，交易所託管資產的安全性也有一定的保障。由於 Mt. Gox 可以 24 小時交易，交易快捷迅速，開業不到一週，單天交易額就超過 100 美元，不到一個月，就成為全球成交額最大的比特幣交易所。2011 年 2 月 9 日，比特幣在 Mt. Gox 的價格突破 1 美元，成為比特幣的頭號交易平台。

Mt. Gox 的創立背後還有一段有趣的小插曲，用 Jed 的話說，他是「順手」建立了 Mt. Gox。創始人 Jed McCaleb 是一個充滿魄力和傳奇色彩的創業者，他曾在 2000 年創立了檔案傳輸網絡電驢（eDonkey），且是當時全世界最大的文件分享網絡之一，Jed 也被後來的電驢愛好者們尊稱為「電驢之父」。在電驢關閉之後，2010 年 Jed 開始接觸比特幣，並在深入了解比特幣之後發現了比特幣行業內缺失了一個很重要的環節 —— 交易機制。對 Jed 來說，成立這樣一個交易平台技術上並不成問題，於是在 2011 年 7 月他解決了這個行業內一個很大的痛點。但他表示交易所並不是他所想要終身從事的事業，半年後就將網站賣給了一個法國開發商 Mark Karpelès，並轉身投入到下個項目 Ripple（一個基於分佈式金融科技的開放式支付網絡）中了。Mark Karpelès 是居住在日本的法國開發商，由於他身材略胖，也被稱為「法胖」，從此 Mt. Gox 進入「法胖時代」。法胖接下 Mt. Gox 後，風光無限，不僅入選了比特幣基金會董事，還成為比特幣世界裏最具實力的老大。

Mt. Gox 成為「一代霸主」的同時危機也在慢慢降臨，2014 年

2 月該交易所遭黑客攻擊，超過 85 萬枚比特幣被盜，損失達 70 億美元，加密貨幣世界震動，比特幣價格大跌。隨即 Mt. Gox 宣佈破產，Mark Karpelès 銀鐺入獄，被盜的比特幣去向至今仍然是個謎團。這一事件時刻提醒着日後的交易所：用戶資產安全重於一切。

2.1.2　中國交易所

比特幣誕生至今已有 12 年歷史，中國是比特幣最早進入的國家之一，在海外比特幣交易所的推動之下，愈來愈多的中國投資者對比特幣的交易產生需求，創業者們便開始思考成立一種讓中國投資者以人民幣買賣比特幣的平台。比特幣中國在比特幣的交易上一家獨大，而 Gate.io 則主打小幣種交易，隨着時間的推移，加密貨幣交易平台因為整個區塊鏈行業的發展、監管政策的變化、用戶的變化，從比特幣中國的獨領風騷，再到幣安、火幣、OKEx 頭部交易所的三足鼎立，中小交易所齊頭並進，交易所賽道可謂百花齊放。

(1) 中國首家比特幣交易所 —— 比特幣中國 (BTCC)

中國第一家交易所「比特幣中國 (BTCC)」在 2011 年 6 月 9 日上線，BTCC 曾一度達到全球市場交易量的八成，上線首日比特幣價格高達 150 元人民幣。比特幣中國為用戶提供了一個可信任的平台交易比特幣，中國的用戶可以直接使用人民幣購買比特幣，在數字貨幣交易所領域，比特幣中國在當時獨領風騷，幾乎全部的玩家都會選擇在比特幣中國交易比特幣。那時的比特幣還不像現在這樣吸引人，比特幣中國的創始人楊林科在開拓數字貨幣行業的同時也沒有放棄原本的汗蒸生意，對比特幣沒抱太大希望。然而，2013 年比特幣迎來第一次暴漲，每枚幣價上升至 1,000

美元以上，那時一些中國的玩家才開始逐漸了解數字貨幣，進入幣圈撈金，楊林科也成了中國虛擬貨幣交易所領域第一個試水的人，數字貨幣交易所為他帶來巨額財富。2013 年 11 月 4 日，比特幣中國日交易量超過 Mt. Gox 和 Bitstamp，成為世界第一大交易所，單日最高交易量達到 8 萬枚比特幣以上，最高日交易額超過 2 億元。華爾街見聞也曾這樣報導：「比特幣中國穩坐交易額頭把交椅，市場上一半的比特幣交易量來自中國投資者。」當日比特幣均價為 253 美元。2017 年 9 月 4 日，央行叫停 ICO，不允許虛擬貨幣的發行和交易，這一禁令徹底終結了各大交易所自由競爭的格局，中國合法比特幣交易所時代到此終結。2017 年 9 月 30 日，比特幣中國平台停止所有交易業務。

（2）小幣種交易所 —— Gate.io

2013 年 4 月，新興交易所比特兒誕生，它就是 Gate.io 前身，官網標語是 "Come with us, change the world"（和我們一起改變世界）。不像提供比特幣、萊特幣的比特幣中國、火幣、OKCoin 三大交易所，在小幣種賽道上，Gate.io 可謂一騎絕塵，當時其他主打小幣種交易的還包括元寶網、比特幣時代等。有玩家表示，在 Gate.io 可以找到任何一種想要的幣種，可以說 Gate.io 把小幣種作為突破口，瞄準小幣種目標客戶群體的需求，打下了自己的一片天地。和主打主流貨幣的大型交易所不同，主要發展小幣種交易的 Gate.io 發展的道路較為輕便，但也正是因為小幣種繁多，Gate.io 也接連遭到黑客攻擊，遇到安全問題。早期缺乏安全意識，安全技術不過關，交易系統頻繁被黑客入侵，給交易所和用戶都帶來巨大損失。無獨有偶，當時除了中國交易所有安全性挑戰之外，世界各地也存在系統被黑客入侵現象。除了上文提到的 Mt. Gox，Bitfinex 的 12 萬枚比特幣於 2016 年也被黑客盜取，涉及

的金額超過 7,200 萬美金。比特兒面對被黑客攻擊，頂着巨大壓力，承擔所有損失，並表示所有盈利都會優先用來彌補用戶的損失，這一點在幣圈來説相當可貴。但和上文提到的比特幣中國一樣，比特兒也沒能逃脱央行的「九四監管」。2017 年 10 月 12 日，比特兒宣佈停止交易活動，成為歷史。Gate.io 正式在開曼羣島註冊，至今 Gate.io 都是世界上很有影響力的交易所。

（3）後起新秀 —— 火幣、OKCoin

2013 年 9 月，李林創立數字貨幣交易網站火幣網，由於他對比特幣中國的交易體驗感到不滿，故瞄準了比特幣二級兑換市場，並憑藉創立「人人折」的經驗，深知用戶對於價格的敏感。火幣網僅成立四個月，便大膽提出免除交易手續費的舉措，迅速吸引了大批用戶註冊，火幣由此成為國內第一個免手續費的數字貨幣交易所（2017 年恢復手續費），迅速成為後起之秀。2013 年 12 月，平台就以累計交易 300 億人民幣，成為當時全球最大的數字資產交易平台，佔據全球一半以上的加密資產交易份額。各大風投機構也十分看好火幣的崛起，2013 年 11 月，火幣獲得了真格基金和天使投資人戴志康的投資，真格基金聯合創始人王強這樣描述火幣網：「火幣，必火！」。2014 年 4 月，火幣網又獲得了紅杉資本數千萬人民幣的 A 輪融資資金。如今的火幣不僅僅是一個數字貨幣交易所，也涉足區塊鏈技術研究、項目投資、生態開發等業務，比如火幣研究院、火幣生態鏈等，在中國區塊鏈的發展中有着重要地位。

OKCoin 比火幣更遲上線，於 2013 年 10 月上線。2013 年，兩次創業失敗的徐明星開始第三個創業項目 —— OKCoin。上線三個月後達到每月 26 億的交易記錄，12 月 OKCoin 平台創造了最高一天 40 億交易額的記錄，目前 OKCoin 月交易額保持在幾

百億左右，OKCoin 的系統可以遊刃有餘地處理全部交易。除了比特幣之外，OKCoin 趁其萊特幣被市場認可之際，就率先開啟萊特幣交易，成為當時國內萊特幣交易的主陣地，主打萊特幣交易可謂是 OKCoin 走的一步妙棋，當時的玩家只要買萊特幣都要通過 OKCoin，比特幣中國的楊林科無奈地表示 OKCoin 搶走了他們的用戶。起初，萊特幣在 1 至 6 元徘徊，但隨着行情的爆發，萊特幣暴漲 80 多倍至 380 元。這迅速推動了 OKCoin 的崛起，上線三個月後，用戶數突破 10 萬，2013 年底完成千萬元級別的 A 輪融資，成為比特幣中國的競爭對手。同樣地，受「九四監管」影響，從 2017 年 10 月 31 日起，OKCoin 暫停了人民幣 / 比特幣的交易，之後逐漸轉型為區塊鏈技術應用和開發的品牌。2020 年 6 月，OKCoin 被法院裁決發展為 OKEx，並與北京樂酷達公司存在關聯。

2013 年是中國交易所的戰國時代。主要交易所就是比特幣中國、OKCoin、火幣、中國比特幣、BTCTrade，五大交易所都主打比特幣等主流幣。另外，還有專注於小幣種的比特兒和比特時代，當時的情況大概是「5+2」格局，但「九四監管」可謂是中國交易所的斷頭鍘刀，中國的加密貨幣行業在那時迎來了至暗時刻，有的關門大吉，有的選擇出海，也有一些順勢崛起。

2.1.3　早期的錢包種類

區塊鏈的本質是一個價值網絡，人們通過這個加密網絡來傳輸加密資產，加密資產是一串代碼，這串摸不着的代碼顯然不會裝在現實中的錢包內，而是會被儲存於高科技錢包，區塊鏈錢包應運而生。

（1）最老的比特幣錢包（用戶端）：Bitcoin-Qt（後改名為 Bitcoin Core）

Bitcoin Core 是中本聰於 2009 年發佈的第一個錢包程式，也被稱為比特幣官方錢包，它其實是一個比特幣用戶端，遵循完全去中心化的原則，沒有伺服器的參與，用戶可以使用 PC 端來付款和收款，用戶必須要下載全部鏈上的節點並同步所有數據，才可以使用錢包，這也被稱為全節點錢包。這種全節點錢包也被看作是早期節點較少的環境下增加區塊鏈備份的一種策略，同時 Bitcoin Core 也可以實現挖礦功能。總之，Bitcoin Core 是比特幣協議的一個實現。此外，Bitcoin Core 在市場上的使用量也是佔絕對優勢的，因為數據都在本地，把網絡斷掉就不會被網絡上的黑客盜走了，因此用戶端錢包安全性與隱私性是最高的。但隨着比特幣網絡數據的加大，全節點錢包的缺點也慢慢暴露出來，這種錢包需要用戶獨立儲存整條區塊鏈數據，下載全部節點。Bitcoin Core 上的數據更新速度較慢，且需要佔用大量的磁碟空間和記憶體，營運一個節點所需要的儲存空間甚至可以把一台家用 PC 填滿。這種錢包每次生成新的收款地址時都需要備份錢包，如果未能備份，新地址的私鑰如果丟失將無法恢復，比較適用於高端比特幣用戶。另外，Bitcoin Core 生成的文件就擺在電腦桌面，容易被病毒竊取。但令人最敬佩的一點是該軟件是開源的，沒有任何個體能夠操縱其開發，因此也是比特幣協議實現中最優秀的軟件。

（2）獨立的錢包

2009 年，比特幣主網上線，區塊鏈在這時候處於起步階段，作為一個巨大的分佈式賬本，比特幣僅有簡單的轉賬、記賬功能。受制於區塊鏈技術的發展，這時的錢包只是用來儲存比特幣，也就是單資產錢包形態，一個錢包只能支持一個幣種，這也是所謂

的錢包 1.0 時期 (2009 年到 2013 年)。從 2011 年開始,比特幣錢包市場逐漸出現了一些不依賴區塊鏈網絡的獨立錢包,令比特幣錢包的設施建設開始進入火熱階段,其中最具代表性的比特幣錢包的先行者為 Blockchain.info 錢包和 BitPay 錢包。

◎ BitPay 錢包

BitPay 可以說是錢包領域最成功的應用程式之一。2011 年 6 月 29 日,比特幣支付處理商 BitPay 推出了第一個可用於智能手機的比特幣電子錢包。BitPay 被稱作是數字貨幣的 PayPal,它為使用比特幣作交易貨幣的商戶提供了支付解決方案,即商戶可以將收到的比特幣,通過 BitPay 把錢轉成法幣,並向 BitPay 支付每筆 0.99% 的手續費。BitPay 的初期業務包含 C 端錢包和支付,用戶創建錢包和交易均很簡單,使用方便,轉賬效率高。BitPay 錢包一經推出就大受歡迎,每天交易可達到 100 萬美元。另外,BitPay 所使用的代碼是 100% 開源的,這些代碼都經過社區的測試和審計,用戶對自己的私鑰和數字資產有絕對的掌控權,沒有第三方可以凍結或盜取錢包中的數字資產,總體來說安全性和透明性較高,BitPay 到目前為止都沒有出現過重大的安全性醜聞,足以證明其安全性能方面的優越性。除了基本的收付功能之外,BitPay 也有一些優秀的附加功能。該錢包在平台內推出了一些加密貨幣借記卡,試圖將加密貨幣與消費市場結合,用戶可憑卡於部分受理的商店購買產品或服務,其法定貨幣價格將會以加密貨幣折價。但是,商家不會直接收取加密貨幣,而是會收到 BitPay 發送的法定貨幣。因此,BitPay 錢包本質上充當了中介,為加密貨幣在消費市場的普及作出了貢獻。總體來說,BitPay 錢包操作簡單、安全性高,同時又嘗試探索加密貨幣在消費市場中的應用,這些都使其成為一個非常具吸引力的錢包。現在 BitPay 錢包在錢

包市場中脫穎而出，發展成為了全球最大的比特幣支付服務商。

◎ Blockchain 錢包

Blockchain 錢包（原 Blockchain.info）於 2011 年在盧森堡成立，主要提供最新交易數據、面向比特幣金融數據、出塊情況等鏈上數據。在加密領域中，Blockchain 錢包也是比較早期出現的錢包，與 BitPay 類似，用戶可以通過手機移動端和網頁端接收加密資產，最初只支援收發比特幣（BTC），之後也支援以太幣（ETH）以及比特幣現金（BCH）的收發。Blockchain 錢包也是一種中心化錢包，不依賴區塊鏈網絡，所有的數據由中心化平台負責管理，容易使用，代碼也完全開源，用戶利用線上數據和私鑰，平台的安全中心也會備用用戶錢包中的資金，並保障不會遭到任何未經授權的訪問，安全性也能夠得到保證。經過這些年的發展，時至今日，Blockchain.info 已成為加密貨幣及區塊鏈行業內最成熟的公司之一，是 Onchain 錢包的領頭羊，是比特幣網絡最大的錢包軟件供應商。目前有超過 3,000 萬用戶使用該錢包投資和儲存加密貨幣，交易金額超過 2,000 億美元，是加密貨幣愛好者信賴的平台之一，另外用戶還可以通過該網站的市場頁面分析加密市場，擴展 API 服務，便於開發人員在區塊鏈上的構建。

2.1.4　礦機及礦池的演化

真正標誌着比特幣走向商業化的則是礦機、礦池的大量出現。正如前文所述，比特幣的價值在一系列商業設施創設後，被愈來愈多人接受，比特幣的市場也經歷了一次又一次牛市。而作為最直接且相對低價獲取比特幣的方式——挖礦，也開始經歷從草莽到專業的巨大變革。

挖礦（mining）是除了買賣比特幣之外，勘探挖掘新的比特

幣的過程，其工作原理與開採礦物類似，故得此名，進行比特幣挖礦的勘探者稱為礦工。在比特幣網絡中，節點不停地運算，礦工把鏈上的交易打包成區塊並附加到區塊鏈上，率先將區塊打包完成的礦工可以獲得比特幣作為區塊獎勵，節點打包新區塊的過程就被稱為挖礦。即在沒有中央發行機構的前提下，挖礦是通過激勵礦工支援比特幣網絡，貨幣的流通體系中也有了最初的注入源頭。

比特幣的挖礦原理採用的是工作量證明機制（Proof of Work，POW），網絡中的節點會互相競爭解決數學題。一旦礦工找到了數學難題的解答，礦工就可以首先將答案散播到整個網絡中，由其他礦工驗證答案是否正確。雖然工作量證明機制需要大量電力來解決沒有實際價值的數學題為人們詬病，但仍是區塊鏈網絡中最初的共識解決方案，POW 直到現在也是很多區塊鏈網絡的共識機制，比如以太坊 1.0。

但隨着全網算力的不斷上升、挖礦難度的不斷升級，表示挖礦活動正在增加，從比特幣網絡上的哈希率（Hash Rate），即解決密碼方程所需要的計算機功率數據的增加也可以看出這一點。漸漸地，網上令人難以置信的算力使得個體礦工愈來愈難擁有解決一個計算難題並獲得獎勵所需的足夠算力，許多獨立的礦工的收益難以獲得保障，為了提升比特幣開採穩定性，礦池的概念便由此推出。礦池就是接受來自全球各地礦機的連接，並將這些礦機的算力連接起來，用最高的總算力進行挖礦，通過最大的算力以最快的速度處理區塊，發現區塊並獲得獎勵的機會就大大增加，獎勵會按照羣組中各個礦機算力的貢獻進行分配。

2010 年底全球第一家比特幣礦池 slushpool 出現，slushpool 礦池早期的算力一直位列前三，slushpool 至今仍舊活躍，平台一

直堅定地支援比特幣，截至目前為止，平台支持挖礦的幣種只有比特幣和 Zcash。隨後多家大型礦池開始密集上線：2013 年 5 月，比特幣礦池魚池（F2Pool）開放，是中國最早的比特幣礦池，直到目前也是全球領先的數字貨幣礦池，同時支援比特幣、萊特幣、以太幣等數字貨幣的挖礦，一度佔國內 50% 算力；2014 年 5 月，GHash.IO 礦池崛起，變成礦池界黑馬，GHash.IO 採取不收礦池費用的策略；2014 年 7 月，GHash.IO 算力一度超過全網 51%，礦圈第一次表示對 51% 的算力感到擔憂，即如果有節點擁有全網絡超過 51% 的算力，就可以利用自己的算力優勢篡改區塊鏈上的記錄，後來 GHash 降至全網算力的 42% 左右；2014 年 10 月，螞蟻礦池（AntPool）及礦池國池（BTCC）上線。2014 年，可以説是中國礦池崛起的一年，資源和生產大國的優勢是礦業發達的重要原因之一，這一年間，除了魚池外，蟻池和國池也迅速擠進中國礦池前十。據 2014 年 12 月數據顯示，魚池佔比 22.59%，蟻池佔比 11.03%，BTCC 佔比 6.20%，整個行業呈頭部佔比近乎壟斷的趨勢。2017 年後，依靠比特大陸作為支撐的 BTC.com 和蟻池，超越魚池，開始了比特大陸的「礦霸」時代。

在礦機方面，2010 年時的比特幣挖礦還只是通過 CPU 挖礦，這也是所謂的一代礦機。那時在比特幣發展初期，挖礦難度相對較低，大部分個人 PC 挖礦消耗的功耗小於收益；後來全網算力加大，普通的 CPU 運算速度無法適應高難度的挖礦演算法，又開始使用 GPU 挖礦，即二代礦機。GPU 是一塊或多塊高端的顯卡組裝的挖礦設備，很快顯卡市場出現供不應求的狀況，且隨着比特幣算力的升級，GPU 的算力也達到了其極限。這時候，一些技術愛好者們開始有了發明「礦機」的想法，即一個專門用來計算比特幣演算法的設備，但這些專業礦機的成果並不顯著。直到 2013 年 1

月，張楠騫第一個研發出了 ASIC 晶片礦機「阿瓦隆」，其晶片的配置大大提高了挖礦效率，全力提高算力並減少損耗。此後一年時間裏，阿瓦隆礦機從一代的 5,000 J/T 功耗降至三代的 1,250 J/T，能效比整整提升了四倍，阿瓦隆礦機在誕生的一年半時間內長時間保持技術的領先。2013 年底，一家專注於高速、低功耗定制晶片設計研發的科技公司 —— 比特大陸研製出了螞蟻 S1 礦機。由於工藝上的巨大優勢，S1 功耗遠低於其他類型礦機，比特大陸快速搶佔了市場份額，而此時比特幣已經進入瘋漲狀態，走到了 1,200 美元高位。在 2017 年牛市期間，比特大陸更是佔據了市場份額的 75%，是加密礦機中的頭號玩家。

隨後，眾多科技公司蜂擁而入，比較有名的礦機有 KNC、鴿子、TMR、比特兒等，但由於晶片製造的技術研發要求極高，並且需要與算力賽跑並及時升級，導致這些科技公司在研發團隊水平有限以及投資資金不足的壓力下逐漸退出舞台，淹沒在歷史的沙塵中，顆粒無收。2015 年年初，比特大陸推出第五代螞蟻礦機 S5，S5 採用比特大陸自主研發的晶片 BM1384，體積小、高散熱、功耗低、算力大，奠定了其在挖礦市場上的霸主地位。比特大陸擁有比特幣礦業的中心內蒙古鄂爾多斯裏最大的比特幣礦山，這裏擁有超過 20,000 台礦機，電費每天接近達到 40,000 美金。比特大陸在礦機領域中，於技術及售賣價格層面上，比市場上其他競爭者擁有壓倒性優勢。

2.2　早期投資者

比特幣商業化後，便開始有風險投資機構參與到生態之中。由於比特幣擁有點對點的特性，中間層可以完成過濾掉，投資者

與創業者互動的效率極高，且許多商業化項目也為風險投資機構帶來了巨大的財富效應。

2.2.1 中國首批區塊鏈基金 —— 真格基金和紅杉中國

(1) 真格基金

真格基金可以說是在區塊鏈領域最積極的傳統風投機構了，真格基金是由新東方聯合創始人徐小平、王強和紅杉資本中國於 2012 年初在北京聯合成立的天使基金，其資金管理規模超過 10 億美金，真格基金創始人徐小平在 2017 中國頂級風險投資人榜單中排行第十位，排名第一的是紅杉資本中國創始人沈南鵬。主要的投資方向包括教育、電商、娛樂、文化、人工智能、大數據等，其累計管理資金總規模超過 10 億美元。

2018 年 1 月 9 日，徐小平在真格基金一個 500 人的羣組裏發佈了一條關於看好區塊鏈未來的消息，並強調對該信息保密，這條信息的內容大概是區塊鏈的時代已經到來，希望大家積極擁抱改變，同時呼籲所有創業者和投資人，在接受區塊鏈技術的同時，要始終堅持商業才是根本，做出實實在在的技術和產品才是最重要的。真格基金投資的區塊鏈項目包括中國三大數字貨幣交易所火幣、基於區塊鏈的 Ecom Chain、去中心化交易所 DDEX、虛擬貨幣管理服務商 MobileCoin 等。

(2) 紅杉中國

與真格基金一起投資火幣交易所的另一家積極的風投機構就是紅杉資本了，紅杉資本也是火幣的第一大機構股東，2014 年參與火幣數百萬美元 A 輪融資。紅杉資本 1972 年就已在美國成立，共有近 30 支基金，管理超過 100 億美元，投資的項目包括已成為產業潮流領導者的蘋果、雅虎、谷歌、甲骨文，Youtube 等，因

為紅杉資本獨到的眼光和極具前瞻性的膽識，所以使其在風投領域一直處於領先的地位。紅杉中國基金目前資產管理總額約 25 億美元和逾 40 億人民幣的總計八期基金，而紅杉對於區塊鏈的項目投資一直充滿了熱情，且很會抓住風口。紅杉中國目前在區塊鏈領域投資了九個項目，Token 發行比例 55.56%，在後續每一次的區塊鏈項目投資過程中，都取得了非常可觀的收益，紅杉中國的區塊鏈投資項目包括頭部礦機生產商比特大陸、頭部交易所火幣、公鏈網絡 Nervos Network、2B 協議 AERGO 等。對於區塊鏈的態度，紅杉資本全球執行合夥人沈南鵬認為，區塊鏈是大勢所趨，必須學習和適應。

2.2.2　加密貨幣世界中的巨頭 —— Digital Currency Group (DCG)

Digital Currency Group (DCG) 位於紐約華爾街，是一家專門投資區塊鏈領域的金融機構，DCG 的投資策略比較積極開放，覆蓋面廣，搶佔了不少熱門賽道，是行業內的最活躍投資者之一。DCG 在 15 個國家擁有超過 50 項投資，包括 BitGo、BitPay、BitPagos、BitPesa、Chain、Circle、Coinbase、Gyft、Kraken、Ripple Labs、TradeBlock、Unocoin 和 Xapo，並且在加密貨幣行業的每一個細分領域都能夠投中一個最強者。

Digital Currency Group 的成功離不開其背後的創始人 —— Barry Silbert。Barry Silbert 在 2011 年因持有比特幣獲得初始資金；2012 年，他成立了進行加密貨幣相關領域風險投資的 Bitcoin Opportunity Corp；2013 年，以天使投資人身份投資了美國最大的加密貨幣交易所 Coinbase、加密資產支付工具 BitPay 和支付服務提供者 Ripple，這三家公司現在來看都是各自所在領域的龍頭企

業。在眾人對區塊鏈行業不解和不看好的時候，Barry Silbert 就向其初創企業的董事會提出動用 300 萬美元的公司資金購買比特幣，而這次加密貨幣的投資促成了後來 Digital Currency Group 的誕生。

Digital Currency Group 成立後就聚焦於加密貨幣的投資，且與其他投資基金不同的一點是 DCG 除了投資業務外，也注重扶持初創企業成長，成為了眾多區塊鏈初創企業的孵化器。目前世界上加密貨幣市場裏，DCG 佔的股份最多，其紐約總部擁有價值數億美元的數字貨幣，而且現時最大的加密貨幣投資基金之一的 Grayscale（灰度）是其全資子公司。

參考資料

〈電驢創始人 Jed McCaleb 的傳奇人生〉，萬雲 BaaS 網站（https://my.oschina.net/u/3620978/blog/1605756）。

〈第一個比特幣交易所與免費的午餐〉，金色財經網站（https://www.jinse.com/blockchain/441262.html）。

吳峰瑜，〈中國最大比特幣交易所 9 月底將停止交易〉，台灣金融研訓院（http://www.tabf.org.tw/BECommon/Doc/FormEdit/1940.pdf）。

〈李林的火幣「圍城」〉，張少華，全天候科技網站（https://awtmt.com/articles/3258818?from=wscn）。

〈加密貨幣交易所發展史：Gate.io 的七年重生往事〉，新浪財經網站（https://finance.sina.com.cn/blockchain/roll/2020-04-21/doc-iirczymi7547231.shtml）。

海濱，〈盤點國內密碼貨幣交易所發展史，有如春秋爭霸〉，鏈聞網站（https://www.chainnews.com/articles/454471828816.htm）。

〈進軍區塊鏈的十大傳統投資金融機構盤點〉，搜狐網（https://www.sohu.com/a/248611405_100160504）。

〈真格基金徐小平呼籲擁抱區塊鏈〉，新熵網站（https://baijiahao.baidu.com/s?id=1589197109998723345&wfr=spider&for=pc）。

〈一文了解區塊鏈錢包發展史〉，鏈聞網站（https://www.chainnews.com/articles/680901039310.htm）。

〈七年礦池簡史〉，獵雲財經網站（https://www.lieyuncj.com/p/12169）。

第 3 章

扭曲的大規模
應用

ICO 熱潮

ICO 概念複製自股票市場 IPO，由於智能合約區塊鏈技術的發展極大地降低了加密企業創業的融資成本，用 token 進行募資對區塊鏈項目而言有着便捷、節約成本的優勢。過去幾年內，這種融資方式快速崛起，ICO 最瘋狂的時候募集資金每年達 10 億美金以上，大大超過了傳統風險投資所募集的資金。隨着加密數字資產的火爆，代幣也獲得上千倍的漲幅，加密貨幣市場逐漸由現實向泡沫化發展，圍觀的投資者雖不了解實際情況，也都想趁機分一杯羹。ICO 野蠻生長的同時，也將風險推向了新高度。ICO 門檻低，人人都可參與，很多投資者根本不知道所謂的 ICO 是甚麼意思，在誘人的市場行情下，騙子湧入，ICO 成為了他們的「暴富樂園」，惡意詐騙，捲款跑路，惡性事件頻發。至此，ICO 儼然已經從助力區塊鏈初創企業新型的融資工具，變成了騙子們非法集資的手段之一。

不同於傳統金融市場存在諸多監管要求，這個瘋狂的虛擬市場在監管層面幾乎是真空。ICO 可以說是一把刀，刀本身不會犯罪，在缺乏監管的情況下，才會出現違法行為。監管層面對盲目跟風逐利的現狀，認為 ICO 已經嚴重擾亂了金融市場秩序，便出手干預，重拳出擊，不少違法項目接到了監管機構的「問候」，瘋狂的 ICO 被關停，非法暴富神話也就灰飛煙滅了，瘋狂的 ICO 可謂是過度金融化的典型，最終只得曇花一現，淪為歷史遺物。

3.1　ICO —— 區塊鏈淘金時代的產物

ICO（Initial Coin Offering）指的是數字貨幣首次公開募資，即在區塊鏈和智能合約技術的支持下發行 token 向公眾募集資金和

IPO 相比，ICO 的發行標的是 token 而非股票。不同於比特幣的礦工通過運算賺取代幣，ICO 模式下，平台創始人可以通過舉辦代幣售賣活動直接負責生產代幣，且這些代幣只能在該平台的去中心化應用中使用。ICO 所募集的資金會直接進入到該創始人所控制的實體裏，從表面上看是為了支付研發費用，實際上也是為了給他們自己和背後的支持者回報，以及承擔項目發展過程中的風險。

以太坊（Ethereum）可以説是 ICO 最有代表性的例子。2014年，以太坊創始人 Vitalik Buterin 通過公開眾籌的方式，募集了高達 1,840 萬美元的以太幣。如今，這個數字可能要乘以 10,000 倍，而且還在繼續膨脹。投資者購買它們一方面是為了在以太坊區塊鏈和智能合約平台使用，另一方面是為了增值，其他早期區塊鏈項目也嘗試過這樣的做法。2016 年下半年開發出來的智能合約代幣機制「ERC20」使得 ICO 項目迅猛發展。這種在以太坊上標準化的智能合約指令集，給 ICO 代幣交易提供了一個通用的、一致的機制，這些代幣毋須再開發自己的區塊鏈，也毋須維持自己獨立運算的能力，而以太坊現有的電腦網絡會為他們執行這些過程，其易用性簡化了人們在以太坊上發行代幣的難度。

圖 1 展示了 2017 年 1 月至 2019 年 3 月的市場中 ICO 融資情況，2017 年前七個半月裏，ICO 活動共籌集了 15 億美元資金，遠遠超出區塊鏈公司通過傳統風險投資（venture capital，VC）所能獲得的資金，美國證券交易委員會（Securities and Exchange Commission，SEC）於 8 月發出警告，這些代幣都被視為證券且接受監管，但似乎人們的熱情並沒有消減。這一系列數據自然引發人們的思考，ICO 融資是否已經成為了一種普遍存在的融資方式，能夠成為傳統風險投資的替代品。

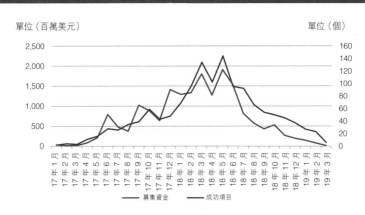

圖 1：2017 年 1 月至 2019 年 3 月 ICO 融資概覽

資料來源：ICO Rating 網站

　　ICO 與傳統風險投資有甚麼不同？一是利益保證方面，風險投資者可以獲得股票，從而獲取項目執行的投票權以及董事會名額，也就是說投資人可以獲得公司或項目的監管權，令投資人的利益得到保障。反觀 ICO，儘管有去中心化自治公司的說法，即依靠智能合約來決定每個股東的投票權，但是實現起來比較困難，目前世界上所有對股權的約束都是靠現實社會的國家體制以及法律來實現的。

　　其次是投資門檻，在 VC 投資過程中，通常有專業的投資分析人員選擇投資方向，他們了解相關行業背景，以及可以合理預測行業未來發展前景。此外，VC 會協助目標公司選擇分散性的投資組合，只在最優市場中的最優團隊身上投資，所以 VC 對於公司的幫助往往是不可忽視的。而 ICO 投資散戶基本完全是萌新，沒有評估過項目的風險，只是為了賺錢去投資。按照傳統風險投資的步驟，VC 們會準備一些問題來向創業者提問，創業者也被要求提供完整的項目報告來保證自己的項目確實有潛力，例

如項目要解決的問題是甚麼、項目成員分別是誰、未來前景如何、將會有多少收益等。ICO 一些項目也有白皮書，但有些白皮書看起來很完美，後續根本不執行，又無從監管，因為 ICO 的匿名性，偽造的 ICO 項目一樣可以獲得不小的投資，而且很難追究責任，投資者的錢只能打了水漂。

最後是監管問題，ICO 投資者不能獲取股權就會帶來另外一個問題，就是項目的可監管性。如果項目方收了投資者的錢之後跑路，在缺乏相關法律約束和 SEC、證監會這類機構的監管下，投資者將無法追討資金。比如投資者購買了代幣，項目方通過智能合約或者手工打幣的方式將代幣給了投資者後交易就結束了，至於之後的資金流動根本無從知曉，關於 ICO 的監管問題在後面的章節會詳細探討。而傳統風投的做法是會由 VC 決定哪些人進入董事會來管理公司，決定公司的下一步運營，在公司發展太快，需要專業人士來決策的時候，甚至會引入專業的 CEO 來帶領公司發展。

ICO 這種低成本的融資解決方案，讓代幣發行者找到了一個接觸全球投資社區的簡便方法，大量的終端投資者正在進入早期投資的輪次，而這些機會以前總是會保留給風投資本家和專業人士的。代幣發行者不再需要就股權稀釋問題及董事會控制權問題，與風險投資家進行沉重的談判，不需要為博得客戶而取悅投資銀行，也不需要獲得證交會的認可，他們只需找到普羅大眾，並向其宣傳自己的代幣。這是一個極其簡單和低成本的方式，大大降低了創業的門檻，給夢想家們更多的機會嘗試新想法。但與此同時，不少詐騙者也被吸引。有些項目只是把區塊鏈特徵進行簡單重組或包裝，舉着「顛覆傳統產業」旗幟，進行非法集資。

在經歷幾個月 ICO 市場的狂熱後，一些接着區塊鏈噱頭騙錢

的項目也隨之暴露,這是對市場很好的教育,這種市場的有效教育,會擠掉泡沫,投資者也會提高鑑別項目的能力,會更審慎的看待投資,好的項目依舊會受到熱捧。簡言之,ICO 可以被看作是區塊鏈淘金時代的產物,它避開法律監管為投資者參與項目或企業的早期投資提供了一種看似可行的模式,巨額收益的背後更蘊藏着巨大風險。

3.2　世界計算機 —— 以太坊

作為市值僅次於比特幣的加密貨幣,以太坊近年來受到和比特幣相當的關注。以太坊像網絡一樣的基礎建設,是一個開源具有智能合約的公共區塊鏈平台,能讓所有人在以太坊的基礎上搭建各種區塊鏈應用,而以太幣 (ether) 則是基於以太坊技術的虛擬加密貨幣。俄羅斯裔加拿大籍天才少年維塔利克 · 布特林 (Vitalik Buterin) 構思了這個項目。2013 年底,Vitalik 在一份報紙中描述了其想法,最終有大約 30 人來找他討論這個概念。2014 年,20 歲的他公佈了《以太坊白皮書》,他憑藉以太坊一手將區塊鏈推上新的高峰,開啟區塊鏈 2.0 時代。以太坊在剛剛進入人們視野時獲得的關注遠不如比特幣,甚至有人認為以太坊純粹是為了圈錢,很多人並沒有預料到這個 20 歲少年的想法竟然能夠掀起加密貨幣世界的巨大波瀾。2014 年 5 月,Vitalik 第一次來中國,此行的目的被認為是宣傳以太坊,為之後的以太幣預售探路。Vitalik 在博客中寫道:「我第一次到中國是 2014 年 5 月。那時候,我只看到了礦工和交易所。礦工和交易所已經初具規模,但是除了火幣、OKCoin 這幾個交易所之外沒有很多其他有趣的東西。」接着,Vitalik 跟中國的加密貨幣社區碰面,他作了「數字加密貨幣的機

會」的主題演講。對於以太坊和這位「天才少年」，參會人員心裏多半是懷疑的，這種猶豫直接反映在之後的以太幣預售上。2014年6月，以太坊開始了預售，也就是所謂的以太坊 ICO，42天募集了3萬多個比特幣，以當時的價格算，相當於1,800多萬美元。這場 ICO 在當時引起轟動，那時很多人對以太坊的評價都是「圈錢」。2016年業內人士在一篇分析以太坊的文章，描述過這次對以太坊的忽視：「99% 的幣圈人都錯過了這次機會。」

比特幣的貨幣功能較為單一，無法應用於非貨幣場景。Vitalik借鑒了比特幣最重要的去中心化思想，但不用像過去那樣分別定義自己的區塊鏈協議，只能支援少數應用且彼此互不相容，而讓開發者能夠在以太坊的區塊鏈協議用程式語言，進行高效快速的開發應用。也因為支援程式語言多樣，讓以太坊能有無限寬廣的可能性，可以建構複雜的智能合約（Smart Contract），使它可以用來建立去中心化的自治組織 DAO 以及運行去中心化的自主應用Dapp。運行在以太坊上的計算機會展開競爭，去執行 Dapp 上的代碼指令。若勝出就會得到以太幣作為提供最優運算結果的獎勵，而評判「最優結果」的標準則是根據演算法。這些去中心化應用可以以完全公正的方法運行，用戶可以相信運行的結果和智能合約規定一致。以太坊就像是一台不停運作的全球計算機，任何人都可以上傳與執行應用程式。在以太坊上，你可以通過編寫代碼管理數字資產、運行程序，更重要的是，這一切都不受中介控制。用 Vitalik 的話說：「以太坊是一個去中心化、有效率、毋須信任的世界。」

實際上在以太坊上線後的一段時間內，關於甚麼是智能合約，它具體有甚麼用，以太坊在其中的作用是甚麼，大家都還只是停留在討論層面而沒有實際體驗過。直到以太坊上出現了 ERC20 代

幣標準後，行業偶然發現利用 ERC20 進行 ICO 融資，其效率和成本似乎都優於傳統的投融資方式，大家才開始意識到以太坊的價值。而正是由於智能合約系統所發揮的關鍵性作用，以太坊才能在 ICO 中實現提高效率和降低成本。

此後，加密貨幣牛市來臨，在 ERC20 代幣標準發佈之後，以太坊上又發佈 ERC721 代幣標準。代表項目是加密貓（CryptoKitty），加密貓一誕生便在玩家中掀起一股狂潮。如果說 ICO 只是讓投資者看到了以太坊的威力，那加密貓則讓原先不太關注區塊鏈技術的圈外遊戲玩家看到了以太坊的威力，而這本質上都是智能合約的威力。智能合約在 ICO 和加密貓上的成功讓大家看到了一個顛覆傳統的加密數字世界，即所有的規則一旦制定好，就會自動執行，公開、公平、且不可逆轉，外部無法干擾和破壞。至此，業內似乎非常看好智能合約的性能和其顛覆性，因此之後也湧現了一大批支援智能合約功能的數字貨幣。這些新項目雖然聲勢浩大，最終能在這個領域站住腳仍舊是少數。

由於以太坊生態系統是最具兼容性與可開發延展的區塊鏈平台，各種區塊鏈貨幣和應用都基於以太坊開發，因此以太坊的以太幣是最受認可、流通最普遍的虛擬貨幣之一。接連的 ICO 讓山寨幣種類大增，也增加了以太幣的需求，推升整體虛擬貨幣的價值。如果從總體虛擬貨幣的市值佔比來看，以太幣常年居於市場第二的位子，僅次於比特幣，自 2013 年以來，最高佔比在 2017 年 7 月超過了三成，與比特幣僅有百分之七的差距，之後又出現回落。

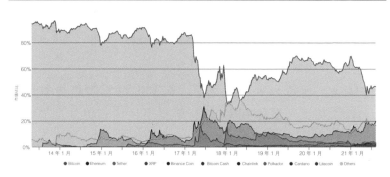

圖 2：加密貨幣市值情況

資料來源：coinmarketcap.com 網站

　　2017 年加密貨幣市場進入牛市，分叉後的以太坊跟着迎來瘋狂的一年。牛市的開啟，得益於新資金的進場，其中很大一部分被認為是 ICO 的功勞。以太坊智能合約易用且圖靈完備（Turning Complete）的功能讓發行數字貨幣成了件輕而易舉的事情，ERC20 代幣標準的統一、The DAO 眾籌的巨大影響力，則吸引了愈來愈多的項目方使用以太坊進行 ICO 融資。事實上，2016 年不少 ICO 項目就開始悄悄萌芽，2017 年 ICO 徹底走上瘋狂的道路。ICODATA.IO 數據顯示，2016 年 ICO 項目僅為 29 件，融資金額為 9 萬多美元，等到 2017 年這兩個數據已經分別增長至 876 件和 62 億美元，可以説以太坊被 ICO 推到了風口浪尖上。不僅區塊鏈創業公司發幣，上市公司、傳統互聯網公司，甚至騙子和傳銷商也走上發幣的道路。此外，ICO 的興起也讓更多人參與到以太坊當中，使用以太坊的人數和交易量有了爆發式增長，以太坊地址數量增長近 20 倍。2017 年 5 月末，以太坊於 OKCoin 和火幣網上線；此後，ETH 的幣價節節攀升，2021 年 5 月接近 4,000 美金。

　　雖然以太坊在 2017 年取得了耀眼的成績，但依舊面臨着各種

問題，比如資產安全的問題，而加密貓則暴露以太坊長久以來的問題——TPS（每秒事務處理量）低。以太坊如今已經走過了第六個年頭，安全和擁堵問題時至今日也是需要解決的問題。

3.3 來自美國證交會的「罰單」

在 ICO 代幣發行領域，不乏有些公司打着 ICO 融資的旗號，非法集資，進而給投資者帶來了風險與損失，對此美國證券交易委員會也加大了對 ICO 項目的調查和監管力度。若 ICO 發行的 token 一旦被 SEC 認定是證券，就意味着該代幣需要接受與證券一樣的嚴格監管，如果發行的 token 不符合監管要求，還會面臨 SEC 的「罰單」。被 SEC 調查並處罰的項目一般有兩種結果，一是和解並繳納罰金，二是堅持不和解，導致項目最終流產。

豪威測試（Howey Test）是判斷一種代幣是否應該被歸為證券的測試，它是 1946 年在美國發生的一個標誌性案件裏設立的標準，它規定若一個銷售行為符合投資到一個共同企業，完全依賴於第三方的努力並且預期產生利潤的話，就視為證券發行。具體操作是對一個區塊鏈項目進行評分，得分愈高，説明該項目的加密貨幣的性質愈接近證券。

若代幣被認定為證券，就會受到 SEC 監管，發行前就必須要準備好詳細的招股書，發行方必須遵守美國聯邦證券法的規定向政府登記其交易行為，並且有義務披露重要的信息以進行投資決策。同時 SEC 也強調，無論使用了怎樣的技術，一個特定的交易是否涉及證券的發行及銷售取決於真實的場景和情況，即發行人不能僅通過將產品貼上加密貨幣標籤的方式來逃避聯邦證券法。

本節將具體介紹三個被 SEC 調查的事例，包括事件的概述、SEC 的看法，以及被處罰公司的回應。

3.3.1 Telegram 非法代幣融資

2019 年 10 月 11 日，SEC 宣佈已對 Telegram Group Inc. 及其全資子公司 TON Issuer Inc. 在美國和海外正在進行的數字代幣發行的離岸實體發起離岸緊急行動，並獲得美國聯邦法院臨時限制令，該公司已籌集了超過 17 億美元的投資者資金（是 ICO 史上第二大募資案），而此時距離 TON 主網上線不足 20 天。經過歷時八個月的官司後，雙方達成和解──Telegram 將返還 12.24 億美元（已募捐的 17 億美元中的 72%）給投資者。與此同時，Telegram 還必須向 SEC 支付 1,850 萬美元的民事罰款，如果該公司三年內想再次發行代幣，或者用分佈式賬本技術（DLT）的任何數字資產，都必須提前通知 SEC。

區塊鏈項目 Telegram Open Network（TON）流產後，2019 年 10 月以來，Telegram 一直在與 SEC 打官司。SEC 以 TON 網絡代幣符合豪威測試為由，認為其代幣 Gram 構成投資合同，屬於證券，Telegram 涉嫌發售未註冊證券而被叫停。SEC 執法部門聯席主管 Stephanie Avakian 在聲明中表示：「SEC 的緊急行動，是為了防止 Telegram 出售非法的數字代幣，Telegram 未向投資者提供業務營運、財務狀況和其他相關信息。」Telegram 則表示，他們是在以 Gram 的形式出售權利，Gram 將在網絡上線後發佈。當他們出售權利時，Telegram 還未發行 token，但 SEC 不認同這個說法，Telegram 的代幣本身還是證券屬性。SEC 阻止了該網絡的上線，並稱 Telegram 分配 Grams 的計劃很大機會是一種發行證券的行為，屬於 SEC 管轄範圍。SEC 認為 Telegram 沒有披露相關信

息,沒有尊重投資者知情權,試圖公開發行債券,並獲得收益。

3.3.2 Block.one 被控未經註冊而銷售代幣

SEC 於 2019 年 9 月 30 日宣佈,由於未經授權的代幣銷售,將向一手創辦 EOS 區塊鏈的 Block.one 罰款 2,400 萬美元。EOS 無疑是迄今為止最成功的 ICO 案例,募資時間從 2017 年 6 月 26 日開始,一直到 2018 年 6 月 1 日結束,歷時 355 天,募資金額高達 41 億美元,無論是時間或是金額都是史上規模最大的 ICO 融資。SEC 聲稱,Block.one 未經註冊就發行代幣募資,而其募資計劃表示,募資所得將會交由 Block.one 管理,並用於開發 EOS 區塊鏈,且有自己的行銷計劃,這些已經符合豪威測試,滿足 SEC 對於「證券」的定義。SEC 更強調,雖然公司發行 token 募資時間在 SEC 發佈 DAO 報告之前,但其募資時間跨度一年。期間 Block.one 並沒有按照美國聯邦證券法的規定向 SEC 將其 ICO 註冊為證券發行,也不曾要求證券登記的豁免權,因此判定其違反了聯邦證券法的規定。在 DAO 部分的報告中,SEC 表示「在 1933 年和 1934 年的證券交易法框架下,DAO 代幣是有價證券」。SEC 此外還提供了三個標準:1) 證券法的原則適用於代幣募資;2) 投資者購買代幣,並預期會有獲利;3) 獲利來自於特定公司的管理。

SEC 表示眾多投資者參與了 Block.one 的 ICO,如果要向美國投資者提供或出售證券,公司就必須遵守證券法律,無關它們所在哪個產業,或者是甚麼產品及哪種形式。Block.one 並未向 ICO 投資者提供所需的信息,SEC 相關負責人表示:「當企業未能提供投資者出資決定的信息時,SEC 有責任執法。」然而,Block.one 對 SEC 的看法並不認同,在 EOS 的發佈聲明中,

Block.one 表示最初 EOS 主網還未上線時募資，是以 ERC 20 代幣募資，原來的代幣協議是 ERC20，如今已經沒有在市面流通，因此沒有必要向 SEC 將代幣註冊為證券。最後 Block.one 選擇和解，協調過後，Block.one 向 SEC 一次支付 2,400 萬美元的罰款。

3.3.3 SEC 對 Kik 的 1 億美元代幣發行提出起訴

SEC 於 2019 年 6 月 4 日起訴 Kik Interactive Inc.，指 Kik 進行了價值 1 億美元的虛擬代幣非法發行，稱該公司將沒有按照證券法登記和銷售的證券代幣賣給了投資者。Kik 多年來的線上通訊應用一直在虧損，該公司的管理層曾在內部預測，2017 年公司資金將會用完。2017 年初，公司試圖通過銷售一萬億個 token 作為資金周轉。Kik 向公眾募集代幣 Kin，最終籌集超過 5,500 萬美元。

SEC 進一步聲稱，Kik 將 Kin 用作其行銷手段，Kik 宣稱日後會根據需求調整 Kin 代幣的價格，且公司有計劃將代幣 Kin 融入其主營業務線上通訊應用中，創建和代幣有關的交易活動，以刺激代幣需求。但是 Kik 在發行代幣時，這些行動並不存在，投資者無法用代幣 Kin 購買任何服務，與 Kik 宣稱的用途不符。SEC 認為 Kin 代幣本質上涉及證券交易，所以 Kik 必須遵守美國證券法，向 SEC 註冊。

SEC 稱，Kik 出售 1 億美元的證券但沒進行註冊，Kik 沒有披露重要且與投資者決策相關的信息，同時 SEC 的另一個論點在於，Kik 曾經宣稱公司將和投資者一起透過代幣的需求增長而獲利，基於他人付出而獲取未來利潤是發行證券的標誌之一，因此符合聯邦證券法。而 Kik 方面則認為 SEC 對 Kik 控訴的假設遠超豪威測試的定義，堅持不與 SEC 和解，最終項目流產。

由以上案例可以得出，只要符合 SEC 對證券的定義，就必須接受 SEC 監管。除非滿足 SEC 的發行證券豁免框架（如 Reg D），Reg D 是 SEC 關於私募配售豁免的規定，允許發行方可以毋須在 SEC 註冊，但必須在首次售出證券後提交「表格 D」。Reg D 融資雖沒有上限，但是需要一年的鎖定期並且限定最多 2,000 個投資者。根據 CFR § 230.504（a）（1），沒有明確營業計劃的初創企業和用於合併或收購非上市公司的初創企業不適用於 Reg D；Reg D 項下的非公開發行包括不得有公開宣傳行為；Reg D 項下的公司披露的範圍和要求比較高。

Blockstack 是 SEC 歷史上批准的 ICO 項目，該公司花了 200 萬美元與 SEC 和解。Blockstack 獲得 SEC 批准，標誌着 SEC 為初創企業的融資方式指明了道路，是加密貨幣在合法之路上的一大步，具備巨大的示範效應，特別是 ICO 合法化路徑，意義重大。ICO 發行代幣的未來出路，要麼符合證券定義卻不註冊發行並披露信息給投資人，並接受 SEC 的罰款，要麼必須合法發行。

3.3.4　缺乏約束的後遺症

ICO 與 IPO 的關係，可以説就是模仿，區塊鏈項目大多需要加密貨幣支撐，這和 IPO 股票的性質不謀而合。但是不同於 IPO 的是，ICO 利用區塊鏈技術，通過「智能合約」代替人工，預先編寫好的電腦程式自動進行虛擬貨幣的募集，避開了傳統 IPO 對募資者的各項程序和監管要求，募資者可以以極低的門檻開展融資活動。目前世界各國對這種建立在智能合約的新型融資手段缺乏成文的法律，因此部分募資者選擇不充分披露 ICO 項目的信息給投資者，ICO 這種融資方式受到了人們的質疑。ICO 項目的發起並無任何規範可言，一紙白皮書便可以從投資者那裏募集資金開

啟項目，這種缺乏監管的融資方式無疑讓投資者，以及整個金融市場面臨着巨大的法律風險。

由於 ICO 企業沒有信息披露義務，投資者無法通過平台了解 ICO 企業的經營狀況，對 ICO 募集的資金用途亦毫不知情，投資者權益難以得到保障。代幣代表其他公司股權的情況下，很可能會有非法集資或詐騙的風險，而這種風險很容易會影響到協助其完成 ICO 的交易平台。在 ICO 發行代幣的時候，投資者是基於發佈項目的白皮書等基本信息而作出投資決策的，這種沒有做過任何盡職調查的投資風險是十分巨大的。

2017 年 11 月，越南一家進行兩次 ICO 的加密貨幣公司 Modern Tech 捲款跑路，詐騙金額 6.6 億美元，涉及被騙投資者 3.2 萬人，是目前全球範圍內涉及金額最多的 ICO 騙局。該公司由七名越南人在胡志明市創辦，項目方主要通過「重要人物」站台、拉人頭獎勵等方式宣傳，和國內的虛假宣傳方式相差不大。事發後項目團隊「人間蒸發」，投資人維權無果。捲款跑路的項目方大多採用相同的套路：項目本身並沒有實質內容，也沒有營運團隊，除了網站、所謂的白皮書，幾乎是個空氣項目，只是依靠「大佬」的虛假宣傳誤導投資者，該平台曾在越南境內舉辦多場宣傳會議，以每月利息高達 50%、投資幾個月即能回本來誤導大眾。此外，與國內的 ICO 騙局一樣，該越南團隊也採用「拉人頭」的方式拉人入夥，用戶每介紹一名新會員進入，就能得到 8% 的佣金回報。2018 年 3 月，項目方失聯，ICO 騙局由此敗露。該公司所在大樓的管理人員表示，該公司早已離開並清算了租金，去向無從得知，投資者通過在大廈前示威遊行來表達不滿和憤怒。

除了交易平台魚龍混雜，出現非法集資現象外，還有洗錢、逃稅以及信息泄露問題。目前，虛擬貨幣的交易平台例如「火

幣」、「OKCoin」、「幣安」都提供法幣與虛擬貨幣之間的直接交易，由於虛擬貨幣的賬戶不需要登記，個人資產可以轉換成虛擬資產達致隱匿效果，不法分子可以達到洗錢和逃稅的目的。對於 ICO 發行的代幣在出售後的溢價或資本利得，究竟是否需要繳稅以及如何繳稅的問題，目前包括美國國稅局（IRS）在內的各國稅務部門均沒有出台明確的規定。另一方面，ICO 項目的發行是全球範圍內，投資者可以規避當地政府和監管部門的監管，參與境外 ICO 項目，不法分子可以借助 ICO 的操作路徑進行洗錢。最後，ICO 發行平台的客戶隱私和數據安全也是至關重要的，需確保平台沒有信息安全性漏洞，足夠抵禦外部黑客入侵的風險。

ICO 項目會與證券監管相衝突，而泡沫一旦破裂會讓無辜的投資者們受損。這股快速致富的「淘金熱」是由 ICO 這種基於區塊鏈的初創團隊眾籌工具所驅動的，它有 20 世紀 90 年代末網絡股泡沫的所有特徵。就如 20 年前的那場泡沫一樣，這次爆發是以喜好風險的投機狂熱為特徵，人們認為這樣的金錢瘋狂下隱藏着一種變革型新技術及新型的商業範式。ICO 可以被看作是區塊鏈淘金時代的產物，它避開法律監管、缺乏約束、野蠻生長，最終只得曇花一現，淪為歷史的遺物。

參考資料

〈央行人士首談 ICO 融資：監管者不宜作項目好壞審判者〉，新浪財經網站（http://finance.sina.com.cn/roll/2017-07-07/doc-ifyhwehx5299251.shtml）。

〈香港證監會：ICO 騙局氾濫，投資者應注意風險〉，金色財經網站（https://www.jinse.com/news/bitcoin/184657.html）。

宋笛，〈瘋狂的 ICO 代投：層層加碼，虛假宣傳〉，新浪財經網站（http://finance.sina.com.cn/roll/2018-03-25/doc-ifysnevm7677100.shtml）。

〈Telegram 非法代幣融資，或遭美國 SEC 罰款千萬美元〉，PANews 網站（https://www.panewslab.com/zh_hk/articledetails/2682.html）。

〈罰款 1850 萬美元，返還 12 億美元，Telegram 與 SEC 和解〉，鏈聞網站（https://www.chainnews.com/zh-hant/articles/483195157126.htm）。

〈SEC 起訴 Kik1 億美元代幣發行的影響〉，鏈得得網站（https://www.chaindd.com/3203237.html）。

〈EOS 與 SEC 達成和解，Block.One 將支付 2400 萬美元罰款〉，有一億網站（http://www.btcinst.com/bitcoin/news/1128.html）。

陳柔笛、褚康，〈你必須知道的 STO 發行規則——Reg D、Reg A、Reg S 的秘密〉，星球日報網站（https://www.odaily.com/post/5134501）。

〈有關融資註冊豁免的申報〉，MAS Capital 網站（http://www.mascapital.group/?p=591）。

〈解密史上詐騙金額最大的 5 個 IPO 項目〉，現在財經網站（https://36kr.com/p/1722494140417）。

〈全球最大 ICO 騙局細節曝光〉，新浪財經網站（https://finance.sina.com.cn/blockchain/coin/2018-04-17/doc-ifzihnen8102788.shtml）。

第 4 章

B

熱潮後的
技術進步

區塊鏈的代際發展

ICO 的狂潮後，人們對於區塊鏈的認知逐漸回歸理性，區塊鏈領域也經歷了一段狂潮後的低谷。但技術的發展並沒有因為泡沫的破裂而停滯不前，區塊鏈的技術反覆運算大致可分為三個階段：區塊鏈 1.0、2.0 和 3.0。區塊鏈 1.0 以比特幣的誕生為標誌，這一階段的區塊鏈技術主要為承載交易的加密貨幣服務；區塊鏈 2.0 的代表是智能合約和以太坊的出現，區塊鏈 2.0 為加密資產搭建了金融基礎設施，使得代幣除了交易之外有了更廣泛的應用場景；區塊鏈 3.0 目前還沒有具體的定論，Web 3.0 普遍被認為是其中最為契合的發展方向，Web 3.0 與 Web 2.0 相比有着內容自主、協議開放、身份自主、毋須信任等特點。此外，區塊鏈近年來的發展快速，應用場景廣泛，以太坊和比特幣等單鏈已經無法滿足日益增加的需求，多鏈和跨鏈技術便應運而生了，代表項目包括 Cosmos 和 Polkadot。除了多鏈和跨鏈之外，分佈式應用也是區塊鏈中最主要的技術創新之一，分佈式應用指應用分佈在不同伺服器上，區塊鏈的去中心化網絡機制給了 Dapp 天然的發展土壤，而 Dapp 其中最熱門的兩個子行業則屬於抗衡傳統中心化金融的分佈式金融 DeFi，以及發展了創作人經濟的 NFT。

4.1 區塊鏈的 1.0—2.0—3.0

4.1.1 區塊鏈 1.0 —— 加密貨幣

區塊鏈技術在多年前就已經誕生，但直至 2008 年比特幣的誕生，才真正宣佈區塊鏈 1.0 時代的到來。這時的區塊鏈技術被應用於交易的記錄，比特幣就是用於承載交易的加密貨幣。

1.0 時代的代表貨幣就是 BTC 和 LTC，兩者實現的應用場景

也相似。在 1.0 版本中，存在礦工、持幣用戶、投資／投機者。礦工負責的工作是代幣的發行，通過礦機挖取 BTC。持幣用戶活躍於比特幣的流通環節，而投資／投機者則在交易所和 OTC 中交易比特幣，屬於市場交易環節。由於比特幣網絡區塊較小且時間較長，故出現了 LTC、BCH 及 BSV 等分叉幣，他們大多數都在區塊擴容和出塊時間上作了改進。為了隱藏交易鏈上轉賬的信息，又誕生了 XMR、ZEC、DASH 等專注提升轉賬隱私的匿名幣。

以 1.0 時代的代表比特幣來說，比特幣白皮書描繪的藍圖是一個支付系統，那時中本聰的本意是構造一個不被政府和銀行機構控制的貨幣交易網絡，因為最初比特幣沒有甚麼價值，所有 BTC 只能通過挖礦獲取，沒有拿到任何資金支持，早期參與維護網絡的人也基本是憑着信仰去維護，因此在比特幣誕生的初期，就經歷了多次危機，但是比特幣還是繼續運行下去。

作為最早的加密貨幣，比特幣卻不能成為主流支付貨幣，因為其貨幣的價格始終在劇烈波動，這使得現實中的交易不能很好的實現定價，因為比特幣網絡出塊的速度較慢，可能在出塊的過程中就已經經歷了幣價的劇烈波動，同時比特幣網絡的總承載交易量也不能達到日常交易使用的需求。在此之後，人們更多的是將比特幣作為抵禦通脹的另類資產。因為比特幣的總量恆定，也被認為是數字黃金，但其不穩定的幣價很難被大多數人接受，而持有 BTC 來抵禦通貨膨脹的期望也被劇烈的幣價波動而打破。在經歷幾次牛市和熊市轉換後，人們逐漸發現比特幣雖然價格波動巨大，整體市值和認受性還是逐年提高，隨着時間推進和主流機構的進場，比特幣的波動開始逐漸減小。一些機構開始增持比特幣，雖然有抵禦通貨膨脹的目的，但更多是當作一種新興的資產配置，機構和個人也逐漸習慣了將一部分用不到的資產儲存成比

特幣的形式，因為其匿名性、稀缺性和高流動性，比特幣變成了一種良好的價值儲存工具。

區塊鏈 1.0 時代的代幣只能實現代幣的交換，其主要經濟價值在於價值存儲和抵禦通貨膨脹，比特幣經過了 12 年的發展，已經做到了去中心化共識，更多的機構和個人也願意投資到比特幣以進行資產配置和價值儲存。區塊鏈 1.0 時代從 2008 年比特幣誕生起始，到 2014 年以太坊誕生結束。目前整個市場也已趨於穩定。

4.1.2　區塊鏈 2.0 —— 可編程資產

區塊鏈 2.0 與 1.0 之間最主要的區別是實現了智能合約，在程式上實現了圖靈完備。智能合約的概念早在 1994 年便由電腦科學家和密碼學家 Nick Szabo 提出，但是實現智能合約需要共識基礎來保證合約公開、透明且不可修改，以太坊在 2013 年底終於將其實現。如果說區塊鏈 1.0 是實現了個人財產神聖不可侵犯和抵禦外界通脹，那麼 2.0 就是在 1.0 的基礎上為個人財產搭建了金融基礎設施，使得代幣的用途變得更加廣泛。在區塊鏈 2.0 時代，代幣的用途不再僅僅作為結算、流轉和價值儲存，還可以實現複雜的金融產品交易、遊戲開發、資產上鏈、個人 ID、社交網絡等傳統互聯網和金融能做到的大多數功能。

2.0 時代的開創者是以太坊，作為第一條集成了智能合約的公鏈，相比於 1.0 時代的用戶生態，以太坊上多了許多開發者和項目方，而完全去中心化的底層共識，也給這些開發者一個開源、開發的機會，任何人都可以參與到一個項目的開發中，提出自己的建議。在以太坊中，代幣 ETH 並沒有選擇像 BTC 那樣數量恆定，而是選擇了一種小幅通脹的經濟模型，因為這種經濟模型最符合社會經濟的發展，也有利於持有者將 ETH 投資出去，從而達

成良好的經濟循環。在以太坊智能合約的約束下，真正實現了大量的去中心化應用，不僅僅 ETH 是去中心化的加密資產，也使得更多的項目和協議得以去中心化。在使用去中心化應用時，人們根據提前約定好的智能合約，以代碼的形式進行交互，讓用戶的資產永遠掌握在自己手中，這能提升安全性，並且協議不需要進行 KYC，個人隱私也得到了保障。伴隨着以太坊生態的快速發展，也出現了大量的模仿者，他們針對以太坊的種種弊端進行改良，或者依照以太坊的未來設想重新制定區塊鏈網絡。根據鏈上數據顯示，ETH 的總地址數遠超 BTC，2.0 時代的區塊鏈真正地讓更多人接觸和使用區塊鏈。

4.1.3　區塊鏈 3.0 —— Web3 暢想

目前業內對於區塊鏈的 3.0 並沒有具體的結論，近些年發展快速的 Web 3.0 被認為是最有可能承載區塊鏈未來的發展方向。Web 3.0 是針對 Web 2.0 提出的，在 2.0 時代，各家互聯網企業面臨着數據不共用、難交互、具有隱私和安全性風險的問題，這給用戶帶來了極大的障礙，用戶希望單賬戶完成所有操作。3.0 時代提出的暢想就是網站內的信息可以直接和其他網站相關信息進行交互，能通過第三方信息平台同時對多家網站的信息進行整合使用。這也比較符合區塊鏈的底層思想，因為去中心化應用本身就不需要收集大量的用戶數據，交易信息和協議代碼的公開也使得其他項目很容易的進行交互和合作。用戶在不泄露個人隱私的情況下，只需要一個錢包地址便可以在整個區塊鏈生態裏自由穿梭。

在這樣的意義之下，區塊鏈 3.0 不再是簡單的一條公鏈系統，他可以繼續在以太坊上發展，也可能因為以太坊的低效而脫離以太坊，也可能會在跨鏈網絡中發展。而且所誕生的生態也將不僅

僅局限於金融和交易，也適用於媒體、遊戲、交流軟件。在 Web3 的未來願景中，區塊鏈世界和互聯網世界將產生一次融合，互聯網將借助區塊鏈來實現無國界宣言，讓互聯網的價值最終歸於用戶，讓我們生活變得更方便、更容易。

4.2　進入多鏈和跨鏈時代

4.2.1　從「一鏈」步向「多鏈」

　　隨着區塊鏈行業的發展，出現了各種各樣的區塊鏈，他們的共識機制、加密演算法和對智能合約的支援各不相同，這些鏈上的信息並不能簡單地與其他鏈進行交互，甚至有些鏈是封閉的。而多鏈就是指這些平行的區塊鏈，它們就像一個個的平行宇宙，每條鏈上有不同的數據，也蘊含的不同的價值，每條區塊鏈上承載着各自的生態體系，想要產生交互便要通過中心化機構（如交易所）去實現。接受多鏈共存的區塊鏈模式，意味着拋棄了「一鏈治所有」的傳統方案，採用「一鏈一合約」的新方案重新設計了一個保障每個合約都能正常運行的公鏈。

　　為了將這樣一條條的區塊鏈通過去中心化的方式銜接起來，讓他們之間的信息和轉賬可以執行，這就誕生了跨鏈技術。構建中心化機構的方式也是實現跨鏈的一種辦法，但是這樣與區塊鏈網絡想要實現的願景相違背。在跨鏈網絡下，是一鏈接所有的方案，每條區塊鏈依舊擁有着獨立的共識機制、加密演算法和智能合約語言，跨鏈網絡則負責通過標準化的方式將各個網絡連接起來，每條鏈上的數據和資產可以在跨鏈網絡中交互。跨鏈網絡與單一區塊鏈的連接方式就像一個個接口一樣，每條區塊鏈上的數據和轉賬通過接口進入跨鏈網絡，實現跨鏈網絡裏的一體化合約交互。

4.2.2 多鏈近年的發展

多鏈其實就是對比特幣和以太坊鏈的改進，因為這兩條鏈的效率和部分功能存在缺陷，才出現了大量其他的公鏈。

對於比特幣的改進可以分為：

- 改進區塊鏈確認速度（如 LTC 將總量修改成 8,400 萬枚，每 2.5 分鐘確認一個區塊）

- 改進區塊鏈區塊大小（BCH 將比特幣的區塊大小由 1MB 擴展至 32MB，BSV 則將區塊擴展到 128MB）

- 增強了匿名性（XMR 環簽名技術、DASH 混幣技術和 ZEC 的零知識證明和隱藏地址轉賬功能都是加強了區塊鏈的匿名和不可追溯性）

- 改進了比特幣的加密演算法（LTC 和 Dogecoin 都採用 scrypt 加密演算法，這使得在一般家用電腦挖礦更加容易）

還有很多其他修改，但都沒有引起太大的波浪，比特幣還是以其不可替代的共識性主導着整個加密市場領域。在這些改進裏，增加了智能合約的以太坊正式將區塊鏈帶入了 2.0 智能合約時代。

後續的公鏈則以以太坊為標杆，針對以太坊的效率提升來展開改進，可以分為：

- 改變共識機制（QTUM 改用 POS 共識機制，並重拾了比特幣的 UTXO 記賬模式；EOS 和 TRON 則改用 DPOS 共識機制，使用代理制度，進一步提升了區塊鏈效率，但也弱化了去中心化；FIL 提出了全新的 POST 共識機制，可以用來進行區塊鏈數據儲存）

- 應用分片技術（Harmony 和 ZIL 都使用了分片技術來對區

塊體量進行擴容,同時提升了區塊的確認速度)

- 對以太坊的仿盤(BSC 和 HECO 作為交易所平台鏈,為了建立自己的 DeFi 生態,Fork 以太坊的代碼是最合適的方式)

與比特幣一樣,因為以太坊網絡的高度共識,以太坊依舊是 2.0 時代的主宰者,所有的仿製者都是在以太坊擁堵的背景下分一點紅利。

4.2.3 跨鏈技術近年的發展

在公鏈逐漸增多後,跨鏈的需求應運而生,並可分為中心化跨鏈和去中心化跨鏈。中心化跨鏈比較易於實現,比如將比特幣跨鏈至以太坊上生成 WBTC 和 renBTC,就是簡單的中心化機構託管的資產跨鏈,這樣的機構接收用戶的 BTC,再在以太坊上發行 1:1 抵押的 BTC 跨鏈代幣。中心化交易所也是同樣的道理,用戶在中心化交易所裏可以完成 BTC 和 ETH 的交易互換,從而達成資產跨鏈的目的。

近些年來最主要的兩個跨鏈項目便是 Cosmos 和 Polkadot,兩者既有相似性也有本質上的區別。

(1) Cosmos

Cosmos 的意思是平行宇宙,於 2017 年 4 月進行 ICO,支援不同區塊鏈之間的交易,使用 Golang 語言編寫,開發難度較低。Cosmos 不僅支持鏈間交易,更進一步支援將已有區塊鏈(例如以太坊)整體賬本遷移到 Cosmos 網絡中,完全擺脫已有的低效率區塊鏈,將已有項目在 Cosmos 網絡上重新實現,充分利用 Cosmos 的可擴展特性。

構建 Cosmos 網絡的兩大基礎為 Tendermint 共識引擎和 IBC

跨鏈通信。Tendermint 共識引擎本質上是投票系統，基於拜占庭一致性演算法，只要有三分之二以上的節點是誠實節點，那就能保證最後的投票結果是一致的，也從而實現了實時最終一致性。IBC 跨鏈通信，是 Tendermint 區塊鏈之間的通信協議，這個也是實現互操作性的基礎。IBC 利用了即時最終確定性的屬性，允許異構的區塊鏈間相互交換代幣。

根據白皮書顯示，Cosmos 中投票節點稱為驗證節點（Validator），驗證節點負責整個節點的出塊和投票，在 Cosmos 中心網絡正式上線初期會選擇 100 個驗證節點。

代幣 ATOM 的經濟模型與公鏈 DPOS 共識無太大差異，增發無上限，通過 staking 獲得區塊增發和交易獎勵。

Cosmos 網絡中，每一條區塊鏈的接入點就相當於一個 Hub，Cosmos 團隊只負責 Cosmos Hub 的安全，當愈來愈多的區塊連結入 Cosmos 網絡中，隨着節點的不斷增多，整個網絡的共識和價值都會得到提升，但是因為你並不能從底層架構上保證所有 Hub 的安全性，一旦出現一個節點被攻擊，有可能造成整個網絡的崩潰。在過去三年的發展中，網絡接入的區塊鏈逐漸增多，但是相關的生態建設卻很緩慢，比較大的接入點有 Binance DEX、IRIS 等，生態項目有 Kava、Band 和 Terra 等。

（2）Polkadot

Polkadot 於 2017 年 10 月進行 ICO，開發使用的 substrate 和併發 runtime 模組是基於 rust 編寫的，更加適合區塊鏈開發，但 rust 的開發門檻對於適應了以太坊的開發者和新進入的開發者難度偏高。採用了 NPoS（Nominated Proof of Stake）共識機制，對 POS 機制進行了改進，引入了提名人的概念，DOT 的持有人會選擇其信任的驗證人進行 DOT 質押，然後分享驗證人的收益。要成

為驗證人，必須先成為驗證人候選人參加選舉的過程，這樣的方式比 DPOS 的代理模式更加公平和去中心化，但是為了保證區塊鏈網絡的效率，驗證者的數量由系統固定，這也使得 Polkadot 不能達到像 BTC 和 ETH 那樣高度去中心化。

Polkadot 包含了很多側鏈，每條側鏈都有自己的獨立業務和機制，交易可以在側鏈上發生也可以在側鏈之間發生。而整個 Polkadot 區塊鏈要保證每條側鏈是安全可信的，同時側鏈和側鏈之間是可以交互的。

圖 3：波卡網絡原理示意圖

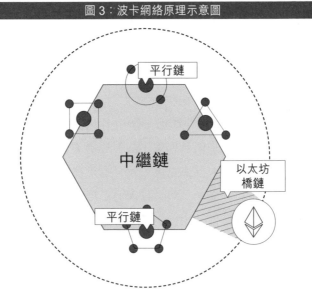

資料來源：Polkadot 網站

如上圖所示，在 Polkadot 中，有以下幾類組成部分：

中繼鏈（Relay Chain）：這個是 Polkadot 的核心，協調不同側鏈之間的共識和交易；

側鏈（Parachain）：收集和處理交易的各條側鏈；

連接橋（Bridge）：連接其他區塊鏈如 ETH、BTC 區塊鏈的橋接器。

與 Cosmos 的模式不同，Polkadot 的模式各條鏈之間的聯繫更加緊密，每條 parachain 通過插槽接口接入中繼鏈，由中繼鏈調控整體的服務和安全性。但由於接入 parachain 的方式是通過質押 DOT 的插槽拍賣，本質上擁有較多 DOT 的大戶可以操控插槽的歸屬，這使得整個區塊鏈網絡早期並不太可能實現高度去中心化。隨着時間的推移，待 DOT 分散程度提高後，可以提升網絡的共識價值。

Polkadot 主網在 2020 年正式運行，將於 2021 年進行正式的插槽拍賣，目前波卡相關的生態項目正在快速發展，將於插槽拍賣後陸續上線，橫跨基礎建設、DeFi、NFT、遊戲、DID、社交、預言機等領域，大量的團隊想要抓住早期的紅利，未來是否能實現真正的跨鏈交互通信，需要更多時間驗證。

區塊鏈網絡的效率和去中心化程度一直是難以兩全的問題，跨鏈的誕生可能實現一次區塊鏈信息的統一交互，可以使得去中心化高的 ETH、BTC 等公鏈上的項目轉移到跨鏈上來，這樣可以滿足對性能要求高的項目發展。

4.3　分佈式應用的興起

分佈式應用程序是指應用分佈在不同伺服器上，用戶的交互和數據儲存也存在多個地區。對於部分 APP 用戶也可以參與儲存和提供服務，例如 bittorrent 的 BT 下載，用戶可以進行 P2P 下載和儲存，將資源下載儲存在伺服器和用戶的電腦裏。分佈式應用可以降低伺服器的壓力，可以向全球多地區提供服務，單一伺服

器故障不會影響正常運行，但同時也面臨速度慢、不穩定的問題。

4.3.1 Dapp 的興起

傳統分佈式應用的用戶體驗不佳，主要是因為購置大量的伺服器需要大量資金，而用戶又沒有激勵來自發為系統提供服務，這使得很多分佈式應用徒有良好的思路和願景，但卻很難落地實現。

當借助區塊鏈網絡時，Dapp 的發展似乎找到其應有方向。區塊鏈網絡的去中心化屬性給予 Dapp 天然的發展土壤，而通過代幣激勵也可以使得用戶自發維護和提供 Dapp 的相關服務。開發者只需於以太坊部署一個智能合約，相比傳統中心化 APP，這成本微不足道。使用網絡的費用則由用戶承擔，需要支付相應的 Gas 費來調用 Dapp 的智能合約，這使得 Dapp 的開發者毋須再花費大量時間於伺服器搭建和程式編寫上，只需專注合約安全和前端開發即可。

4.3.2 NFT 接棒

NFT 是非同質化代幣，最常見的是 ERC-721 協議發行的 NFT，不同於 ERC-20 進行的代幣發行，每個 NFT 都是獨一無二的，這比較符合收藏品和遊戲等虛擬物品的需求，因此 NFT 的最主要用途也正在於此。

2017 年，一款區塊鏈寵物遊戲 CryptoKitties 火遍以太坊網絡，一度令以太坊網絡擁堵。這款遊戲中的每款寵物都是一個獨立的 NFT，玩法也特別簡單，類似寵物的孵化和繁殖方式，從而誕生新的 NFT 寵物。每個寵物有不同的屬性，而這些寵物又都可以繼續交易，部分喜愛這款遊戲的收藏愛好者會在市場上收購屬

性特殊的或稀有度高的寵物,但是隨着 2018 年區塊鏈寒冬和熱度冷卻,逐漸淡出市場。

CryptoKitties 雖然熱度過去,但它給了希望於區塊鏈上進行遊戲和收藏物品的團隊一個參考標準,目前 NFT 領域存在加密藝術品、遊戲、交易所和虛擬世界等方向。

遊戲和虛擬世界算是 NFT 最早落地的領域,生成的遊戲數據以一個個的 NFT 存於鏈上,毋須跟現實世界接觸,遊戲內的數據也不可隨意更改。這使遊戲廠商隨意修改遊戲參數、改變遊戲方向和損害遊戲內虛擬資產價值變得困難,從而保護了玩家的權益。

加密藝術品是最近兩年新發展起來的 NFT 方向,發行商會與藝術家合作,直接發行電子藝術品上鏈,滿足收藏者的需求,交易所也依靠交易佣金和與藝術家收入的抽成發展。SuperRare 和 Origin 都是最近發展起來的加密藝術品平台,加密藝術品領域對 IP 的要求比較高,平台需要跟知名畫家或明星綁定,由他們創作的加密藝術品具有收藏價值,有了這些大 IP 才能吸引更多用戶來到平台。

交易所如 OpenSea 可以交易各種各樣的 NFT,包括遊戲商品、紀念 NFT 和各種藝術品,平台交易信息也發佈到以太坊網絡上,交易更加透明,平台依靠交易手續費營運。

4.3.3 DeFi 的狂歡

2020 年是 DeFi 狂歡的一年,在這一年內 DeFi 得到了爆炸式的發展,鎖倉量增長了 30 餘倍,不僅直接帶起了區塊鏈的一輪牛市,也帶動了更多 DeFi 協議的發展,真正的有了與中心化金融抗衡的能力。

早在 2017 年,ETHLend、Synthetix、0x、Maker 和其他很

多 DeFi 項目就在牛市中完成了 ICO，幾個項目都是描繪了美好的 DeFi 藍圖，完成了金融中最基本的借貸和交易功能，但是由於需要支付較高的 Gas 費和較低的執行效率，DeFi 始終沒有在區塊鏈世界裏掀起風波，更多的人認為 DeFi 純粹只是一個美好的願景。那時人們認為金融是一個時效性很強且數據爆炸的行業，區塊鏈網絡的速度完全沒有辦法匹配金融市場，在 1ms 都爭搶的金融世界，15s 才處理一次交易未免顯得太過突兀。隨着 2018 年牛市來臨，LEND 和 SNX 代幣紛紛跌破發行價，跌幅最多超過 90%。2018 年底，Uniswap 橫空出世，獨創的 AMM 交易機制才讓區塊鏈上的交易做到及時和高效，但這種機制的劣勢同樣明顯，包括較高的交易手續費、用戶無法確定自己的具體價格，以及需要鎖定大量的代幣提供流動性等等。

DeFi 市場平靜地走過 2019 年後，終於迎來了徹底的爆發。2020 年初伴隨着市場的走強和一些機構的扶持，DeFi 鎖倉量開始激增，包括 Uniswap 鎖倉、Maker 生成的 DAI 數量、跨鏈 wbtc 數量、LEND 的鎖倉和借貸量都得到了成倍提升，DeFi 有了發展的土壤。2020 年 3 月 12 日，當天比特幣和以太坊跌幅超過 50%，很多 DeFi 協議因此遭受了巨大影響，Gas 飆漲、清算不及時，部分用戶蒙受巨大損失，但是危機過後，DeFi 並沒有因此一蹶不振，反而很快地恢復了生機。這次市場的巨大波動變成了一次試金石，有些人們因為虧損離開了 DeFi，但更多的人卻開始認可。

2020 年 6 月，流動性挖礦模式的應用再一次點燃市場熱情，蜂擁而至的資金在 DeFi 市場裏鎖倉來獲取治理代幣，從而獲得超高年化收益。這是一次雙贏的嘗試，很多 DeFi 協議既完成了代幣分發，又捕獲了項目發展最重要的流動性。以 Balancer、Curve

和 Sushi 為代表的一批項目在短時間內捕獲了大量流動性，一躍成為一線 DeFi 協議，Sushi 在鎖倉量上一度超越 Uniswap 成為了最大的去中心化交易所。一些風險偏好高的聰明資金也開始在這些 DeFi 上挖礦獲利，因此誕生了一批 DeFi 巨鯨。

隨着 DeFi 的發展，已經誕生出繁榮的 DeFi 生態，包括借貸、交易、聚合器、預言機、衍生品、合成資產、穩定幣、保險等。催生出數十個知名的 DeFi 協議，在可預見的未來，DeFi 仍將保持較快的發展速度，在 layer 2 落地或者高性能鏈到來時，DeFi 可能還會有進一步的蛻變。我們將在第 7 章詳細介紹 DeFi 的發展。

參考資料

〈區塊鏈 1.0、2.0、3.0 技術各有哪些特點？〉，幣界網（https://www.528btc.com/ask/160370670855279.html）。

〈如何定義 Web 3.0〉，Coinmarketcap 網站（https://coinmarketcap.com/alexandria/article/what-is-web-3-0#:~:text=Definition%3A%20What%20Is%20Web%203.0,learning%20(ML)%2C%20Big%20Data）。

Charles Silver，〈甚麼是 Web3.0〉，Forbes 網站（https://www.forbes.com/sites/forbestechcouncil/2020/01/06/what-is-web-3-0/?sh=390d4d5b58df）。

The Ontology 團隊，〈區塊鏈 101：甚麼是跨鏈〉，Medium 網站（https://medium.com/ontologynetwork/blockchain-101-what-is-cross-chain-b16c5b4cda8a）。

鯨准研究院，〈側鏈跨鏈研究報告〉，JINGDATA 網站（https://www.jingdata.com/article/31.html）。

GAVIN WOOD，〈波卡白皮書〉，Polkadot Network 網站（https://polkadot.network/PolkaDotPaper.pdf）。

〈Polkadot 架構〉，Polkadot Wiki 網站（https://wiki.polkadot.network/en/）。

〈Cosmos 白皮書〉，Cosmos Network 網站（https://v1.cosmos.network/resources/whitepaper）。

第 5 章

大規模應用的
開端

近年來，區塊鏈技術落地應用迅速發展，人們漸漸從一開始盲目炒作數字貨幣，認為「區塊鏈」只是一個賺錢的概念，到逐漸把注意力放在區塊鏈技術本身，出現了愈來愈多技術的研發者。當區塊鏈開始將發展重點從炒作轉移到行業本身，就意味着區塊鏈行業向成熟的方向邁出了重要一步。任何一個新技術到來的時候，都伴隨着泡沫，泡沫可以幫助一個行業成長。每次泡沫破滅後，留下的是真正的信仰者，最後勝出的必定是提供了實實在在的技術和產品的公司，那些能夠活下來的企業，就是大浪淘沙後的珍珠。

從更深層次來看，區塊鏈技術與產業的深度融合才是區塊鏈技術開始成熟的重要標誌，也就是說，當利用區塊鏈技術能夠實現的業務價值愈來愈大時，區塊鏈才真正走向成熟，因為只有一種技術發展到足夠成熟的階段之後，它才具備大規模落地和應用的能力，可以為更加豐富的場景提供解決方案。本章將重點討論區塊鏈在不同領域中如何利用自身的獨特優勢與產業融合，為產業賦能。

同時，實現區塊鏈大規模應用需要嚴格的監管標準和有力的監管手段，防止監管的「燈下黑」問題，有效加強監管，意義也同樣重大，全球範圍內的對區塊鏈技術的監管也是本章節討論的重點。

5.1　區塊鏈和互聯網的歷史相似性

首先來看看互聯網的情況，互聯網誕生於 1969 年，是從兩台電腦連接實現通訊開始的，但真正讓互聯網開始進入大眾視野

的代表事件是 1989 年的萬維網，而萬維網的轉捩點是 1993 年 Mosaic 網頁瀏覽器的出現。從 1995 到 2000 年，互聯網企業大量誕生。如今，區塊鏈技術出現，人類又一次站在一個潛在的效率飛躍的十字路口，那時候人們對互聯網投機的狂熱就像今天對區塊鏈的狂熱：全球的資本大量湧入互聯網領域，正如今天全世界的有錢人投資區塊鏈一樣。

20 世紀末，人們對於互聯網的認識與今天普羅大眾對區塊鏈的了解很相似。那時有人提及可以用電子郵件傳送文件的概念時，人們都表示我們為甚麼需要這樣虛無縹緲的東西，打電話就足夠了。但時至今日，幾乎沒有人能夠脫離互聯網。2017 年的 ICO 熱潮與 1995 年相似，當時瀏覽器先行者 Netscape 的 IPO 使人集體瘋狂。區塊鏈行業目前可與 1996 年的互聯網相比，那時人們對於互聯網技術仍然瘋狂，期待這個行業中有非同凡響的產品，就像人們現在期待區塊鏈行業能產生一個超級落地應用一樣。

當然，區塊鏈和互聯網的比較不是線性比較。區塊鏈的未來發展可以從互聯網的歷史中汲取許多有益的教訓。互聯網技術的正確理解是去中心化的信息傳輸體系，主要應用於實現信息的快速收發；比特幣技術的正確理解是去中心化的價值傳輸體系。舉個例子，在網上傳輸一個比特幣，等於傳遞一份所有權的價值，因為你的比特幣成為了別人的。而實現這一功能是因為區塊鏈技術具有不可篡改性，並有可溯性。基於未來的網絡快速發展，區塊鏈這一價值傳輸體系也將很快融入我們的生活。

對於普羅大眾來說，區塊鏈似乎沒有解決甚麼實際的問題，只有突破性的超級落地應用才能讓區塊鏈獲得大眾認可。互聯網也曾經是一個泡沫，行業也曾被稱為龐氏騙局。從 1995 到 2000 年，互聯網行業的主要商業模式是 IPO 發行和通過與其他互聯網

初創企業建立夥伴關係提高股票價格。但今天，我們所有人都從這個瘋狂的創新中受益。我們今天使用的大多數核心技術和開發人員的知識都是來自當年「.com 狂熱者」的投資。

2000 年，許多大型互聯網企業開始成立，這些企業普遍專注於解決實際問題。那時，人們意識到這是革命性的，可以改變現狀。在對比加密世界，比特幣除了支付功能還沒有進入到大規模應用，而以太坊作為「世界計算機」，正在提供更具突破性的技術，很多以太坊的 ICO 就像 90 年代投資「.com」那樣瘋狂。但是與此同時，這些投資用於各種重要的基礎架構、工具以及核心技術的開發，令聰明的開發人員和企業家一起建立真正的知識和經驗，並不斷壯大。

現在的區塊鏈與早期的互聯網有很多相似之處，時至今日，互聯網或區塊鏈技術範圍內的一些領域尚未發展成熟，而一些曾經引人注目的項目或產品最終可能未能持續發展。就像互聯網的含義不僅限於郵件和論壇一樣，區塊鏈技術也會不斷更新。區塊鏈技術僅用十年時間就發展壯大，落地應用已經初具規模，但實現規模化的超級落地應用仍有很長的路要走。正如互聯網興起時一樣，區塊鏈領域吸引投資和人才已取得不菲的成績，技術人員和金融從業者等大批高端人才湧入行業，促進了行業的快速發展。回顧互聯網發展史，每一場技術革命都會經歷興奮、炒作、蕭條、質疑、洗牌這些過程。然而，這些過程並不意味技術和產品本身有問題，而是一條必經之路。互聯網即使時至今日也不能解決所有實際應用問題，但人們無法否認它大大提高了生產效率。區塊鏈也與之相似，其技術也會經歷類似的質疑、低谷和洗牌，但是發展趨勢已不可逆轉。就像互聯網的大樓不是一天建成的，當前區塊鏈技術的發展只是處於萌芽階段。

5.2　全球監管邁向新台階

　　在監管方面，首先，世界各國或地區普遍持技術中性論，即對區塊鏈技術本身，世界各國普遍沒有反對意見。政府或監管機構的關注方向主要是在落地應用場景、數字資產交易，以及整個市場的規範，監管也主要圍繞應用場景和數字貨幣，世界各國根據國情對數字資產市場監管的態度也不盡相同。

　　縱觀全球數字資產監管現狀，少部分地區對數字資產的態度比較積極，有專門針對數字貨幣和市場監管的法案，對區塊鏈初創企業或虛擬貨幣政策相對寬鬆，代表地區有新加坡、日本、加拿大、澳大利亞、德國、泰國、瑞典、挪威等；絕大部分地區對虛擬貨幣的態度比較謹慎，這些地區沒有制定專門針對虛擬貨幣和數字資產的法案，多是使用現有的金融資產條例套用於數字資產領域，態度比較謹慎嚴格，代表地區包括美國、英國、印度、馬來西亞、意大利、土耳其、荷蘭、西班牙、新西蘭、俄羅斯、中國香港、中國台灣；也有一些地區從自身環境出發，對區塊鏈持保守觀望態度，幾乎沒有關於數字資產的監管條例，任何數字資產的交易和發行都屬違法，代表地區有中國、孟加拉、伊朗和巴基斯坦。本章將選取美國、中國香港、新加坡、日本、中國大陸五個代表着對數字資產監管持有不同態度的地區作例子，具體說明數字資產監管現狀。

5.2.1　美國

　　首先，美國的大部分州認可區塊鏈技術的合法性，儘管美國學術界對區塊鏈「不可篡改」的特性表示擔憂。監管機構主要包括美國證券交易委員會（SEC）、商品期貨交易委員會（CFTC）、

美國國家稅務局（IRS）、金融犯罪執法網（FinCEN）。數字資產首次公開發行和交易則通過豪威測試來判斷是否屬於證券資產。豪威測試認定標準具體包括四個方面：一是資金來源來自眾多投資人，二是資金投入共同的項目，三是投資人的目的是期待獲利，四是來自於其他人的經營，而不是投資人自己的經營。證券類資產直接適用美國證券法，須接受 SEC 的監管，並提交申請報告及註冊，向公眾披露關於發行證券類資產的必要信息，法規則套用傳統的證券法規，這種發行方式稱為 STO（Security Token Offering）。發行方也可以通過 Red D、Reg S、Reg A+ 等豁免條例非公開發行代幣，獲得豁免的代幣不需向 SEC 註冊，但仍需遵守證券法。交易平台需要申請註冊，在獲得聯邦牌照的同時，在某些州開設的交易平台也必須拿到該州的牌照。被判定為非證券類資產則不被聯邦法律監管，具有更低的政策風險，但也會有多個監管機構協同合作防範可能出現的違規風險。此外，由聯邦到各個州也有不同的區塊鏈法規，各州會根據各自不同的社會情況作出進一步數字資產監管立法，以確保金融社會穩定。聯邦立法主要包括：《1934 年證券交易法》、《美國 1933 年證券法》、《銀行保密法》等。在州立法方面，科羅拉多州、懷俄明州、德州、加州、俄亥俄州的立法比較友好。稅收制度方面，美國有專門針對數字資產的《2014-21 稅收指南》，該法例規定數字貨幣需要遵循實體資產的稅收條例。總體來説，美國對區塊鏈領域項目監管的態度較為明確，法律機制也比較健全。通過審批的合規項目包括美國最大的數字貨幣交易所 Coinbase。Coinbase 在 2021 年 4 月 14 日在納斯達克上市，上市首日市值達到 850 億美元。

5.2.2　中國香港

香港對區塊鏈的態度比較謹慎，目前沒有任何一個 STO 項目獲得審批通過。香港在監管上注重數字資產的發行和交易，香港證監會（SFC）是主要的監管機構，此外也有 HKMA（香港金融管理局）、HKEX（香港交易所）等機構輔助 SFC 的監管。

SFC 在 2018 年 11 月 1 日發佈了《有關針對虛擬資產投資組合的管理公司、基金分銷商及交易平台營運者的監管框架的聲明》及《致分銷虛擬資產基金中介人的通函》。《聲明》規定了虛擬資產交易平台監管的框架，數字資產資管公司、基金被首批納入了監管範圍內，SFC 會評估資管公司、交易所的業務內容和風險，符合要求的會發出牌照。

2019 年 11 月，SFC 又發佈了《有關虛擬資產期貨合約的警告》和《立場書：監管虛擬資產交易平台》。SFC 有權向《證券及期貨條例》所界定的「受規管活動」的人士或機構發放牌照，《立場書》預示着香港在區塊鏈加密資產交易方面的監管跨出了重要一步。在首次公開發行和數字資產交易上，證券型代幣（Security Token，即可以充當股權、債券證和集體投資計劃）須遵照《證券及期貨條例》接受 SFC 監管，證券型代幣以及其首次代幣發行活動、為此類代幣提供意見或服務、管理或推廣該類代幣，均為「受規管活動」。從事「受規管活動」的人士或機構，需要註冊並獲得 SFC 的牌照。牌照方面，SFC 暫時套用目前的牌照用於數字資產投資機構。在交易平台方面，香港的初期監管主要使用「沙盒機制」，根據交易平台的表現向合資格的平台發放牌照並進入下一沙盒階段。經過至少 12 個月的審核期，監管部門進行全面的了解之後，再制定合理的監管方案。《立場書》中明確指出，合規的交

易平台必須符合 SFC 的監管和條件，包括反洗錢、反恐、法幣入金等。值得注意的是，《立場書》提出的發牌制度是自願的，自願持牌的數字資產交易平台被納入監管機制內，不包括非證券型虛擬資產。但數字資產交易額近年大幅增加，由於數字資產本身的匿名性、隱匿性，均涉及洗錢、恐怖活動、詐騙、操縱市場等金融系統風險，對此，香港財經事務及庫務局建議設立強制發牌制度取代原先的自願發牌制度，所有數字資產公司必須持牌並且受到全面監管才可以經營，並對之前《立場書》在反洗錢、反恐怖融資、風險控制等方面作出進一步要求。

2020 年 11 月 3 日，香港財經事務及庫務局展開公眾諮詢，就有關修訂《打擊洗錢及恐怖分子資金籌集條例》收集公眾意見，主要針對洗錢及恐怖分子資金籌集的規管，諮詢文件中的建議是：任何在香港從事數字資產交易平台業務的機構，需獲得 SFC 的牌照，並必須遵守《打擊洗錢條例》中的打擊洗錢及反恐怖融資的法規。《立場書》的發牌制度屬於自願性質，而此次諮詢文件則建議強制發牌，目的在於將所有數字貨幣納入監管體系，以保護投資者利益。總體來說，在香港，從事所有關於數字貨幣的機構或個人，必須持有 SFC 發出的牌照，並受到規管。

5.2.3 新加坡

新加坡是很多區塊鏈項目所選擇的落戶地，新加坡對於區塊鏈的監管態度明確，政策也較為友好，項目註冊流程也比較簡易、寬鬆，政府傾向於將數字資產視為「商品」而非「貨幣」。新加坡政府鼓勵區塊鏈技術的學術研究，新加坡知識產權局也在加快區塊鏈專利授予進程。數字資產的發行和交易主要由新加坡金融管理局（MAS）監管，參考法案主要包括《證券及期貨法》以及《金

融科技監管沙盒指南》，其中《證券及期貨法》將數字虛擬資產定義為商品。

新加坡對首次公開發行、數字資產的交易的監管也比較寬鬆。新加坡金融管理局在 2017 年 11 發佈了《數字貨幣發行指南》(*A Guide to Digital Token Offerings*)，其中規範了代幣的具體發行規則。目前 MAS 將按照代幣的性質將代幣分為三大類：應用類代幣、支付類代幣和證券類代幣。應用類的代幣不接受監管（只要不涉及洗錢和恐怖融資等違法犯罪行為），通過 STO 發行的證券類代幣則受《證券及期貨法》監管（除非受到相關條款的豁免），而《支付服務法案》(*Payment Service Act*) 則適用於支付類代幣的監管。

和中國香港類似，MAS 要求從事虛擬資產交易和服務的機構必須持牌經營並且遵守反洗錢、反恐怖條例。交易平台方面，在新加坡分為持有牌照的傳統交易平台（AE）和沒有合規牌照的專門的數字貨幣交易平台 RMO，MAS 對法幣出入金沒有監管要求。與中國香港和歐洲國家類似，新加坡也採用沙盒監管模式，新加坡提供的服務牌照及沙盒模式等一系列措施有利於區塊鏈技術的發展，但是同時要求項目方必須遵守反洗錢、反恐怖等原則。簡單概括，新加坡對虛擬資產的態度既擁抱了改變，也平衡了風險。

5.2.4 日本

日本整體而言對區塊鏈各種項目落地應用發展持包容和支持態度。在日本，主要的監管機構為日本金融廳（FSA），主要監管法規包括《支付服務法》、《消費法施行令》以及《金融工具與交易法》，規定從事虛擬貨幣的機構需要註冊才可經營，以及列明

關於其他加密貨幣稅收條款的規定。

日本金融廳沒有禁止首次代幣發行和數字資產的交易,並以《支付服務法》監管,規定了商業化用途的區塊鏈場景必須強制登記,受監管機構監管,不同項目的代幣發行根據其具體情況受到不同法案監管,比如投資法案和結算法案。稅收方面,加密資產收入也被納入個人收入總額,但是不計在資本利得中。

日本雖然早就開放了交易所牌照申請,但是商業化進程較為緩慢。日本是全球首個將數字貨幣交易合法化並推出交易所牌照的國家,早在 2017 年 4 月起就開始接受本國及海外的交易所申請日本金融廳認定的數字貨幣交易所牌照,不過自 2018 年以來,受 Coincheck 遭黑客大規模攻擊的影響,FSA 對於加密貨幣交易所的審批變得非常嚴格,後續頒發的牌照寥寥無幾,合規案例包括申請歷程長達兩年的 OKCoin。

5.2.5　中國大陸

目前中國大陸幾乎沒有對數字資產的監管條例,從數字資產市場監管角度來看,中國大陸的態度較為保守,在中國大陸從事任何虛擬貨幣交易都是違法的,但是中國對於區塊鏈技術本身非常重視。

關於虛擬貨幣,2013 年 12 月 5 日,中國人民銀行、工業和信息化部、中國銀行業監督管理委員會、中國證券監督管理委員會、中國保險監督管理委員會聯合發佈了《關於防範比特幣風險的通知》,明確說明比特幣不具備與貨幣等同的法律地位,不能作為貨幣在市場上流通使用。2017 年 9 月 4 日,中國人民銀行及七部委聯合發佈了《關於防範代幣發行融資風險的公告》,規定任何組織和個人不得從事代幣發行的融資活動,自「九‧四」之後,

中國大陸的虛擬貨幣活動幾乎是全面禁止的。2021 年 6 月，新疆、內蒙古、青海、四川、雲南也都宣佈關停整頓虛擬貨幣挖礦業務。

而關於區塊鏈技術，2019 年 10 月 24 日，在中央政治局第十八次集體學習時，習近平總書記強調區塊鏈是一個技術創新的突破口，在推進產業變革中起着重要作用，要加快推動區塊鏈技術和產業的發展，這次學習明確了我國對區塊鏈技術的支持態度。2019 年 8 月 10 日，中國人民銀行支付結算司副司長穆長春在第三屆中國金融四十人伊春論壇上，介紹了央行法定數字貨幣 DCEP，且目前在我國取得了較大的進展，在多個城市試點應用。

總體而言，中國大陸在數字貨幣的交易和發行方面的態度基本上比較保守，沒有任何對於數字貨幣交易和發行的相關法案，監管層面上目前呈「一刀切」局面，任何和虛擬貨幣相關的經濟活動在中國大陸都是不合法的。但是在技術層面，中國政府非常支持區塊鏈技術的發展，並且相信區塊鏈技術未來可以更好的為實體經濟服務，DCEP 未來也有更加廣闊的應用場景，習近平總書記也指出了一些區塊鏈在金融、民生和政務方面的具體應用場景，比如建設智慧城市、提高資金利用效率、解決風控問題等等。

5.2.6　未來全球監管趨勢展望

目前世界各國對區塊鏈技術普遍持中立態度，從監管層面上來看，全球都在努力推動數字資產監管工作，監管主要集中於兩個方向，代幣的發行以及數字資產交易，其中牌照是最主要的監管方式，目前全球範圍內至少有 14 個國家或地區推出了與加密數字貨幣相關的監管牌照，包括美國、加拿大、瑞士、澳大利亞、開曼、日本、馬來西亞、菲律賓、泰國、中國香港、直布羅陀、

阿聯酋、馬爾他以及愛沙尼亞。牌照主要用於監管數字貨幣交易、投資等公司，受規管活動主要是虛擬資產的發行和交易，其中包括對於反洗錢和反恐怖融資的要求。

對於數字資產的監管的未來發展趨勢，首先世界各國未來對區塊鏈技術的扶持力度會加強；此外，專門針對數字的法案將會不斷完善，並且聯合監管的進程將不斷加快。為了積極推進全球區塊鏈技術發展和數字貨幣監管進程，一些國際組織單獨成立了區塊鏈部門，比如國際貨幣基金組織金融科技高級顧問小組、世界銀行區塊鏈實驗室等。除此之外，也有像反洗錢金融行動特別工作組（FATF）這類組織呼籲世界各國對反洗錢、反恐怖融資制定強制的政策，加強數字資產風險控制，嚴厲打擊違法犯罪，並且 FATF 將會從 2020 年 6 月起啟動為期一年的數字資產反洗錢和反恐怖融資審查。

5.3 多元應用場景

5.3.1 鏈上機遇 —— 聯盟鏈

區塊鏈按照開放程度可以劃分為公有鏈、私有鏈和聯盟鏈。聯盟鏈（Consortium Blockchain）不同於公有鏈和私有鏈，它是一種半公開、半中心化的區塊鏈，只為聯盟內成員服務。聯盟鏈的開發成本一般比較高、建設時間也比較長，適用於同行業的領軍企業聯合共同搭建。聯盟鏈不同於以太坊這類公鏈，聯盟鏈是部分中心化的，聯盟鏈內的數據和資產只能在聯盟鏈成員之間記錄、交易和傳輸。與公鏈相比，由於去中心化程度較低，因此運行速度比較快、效率比較高、運行成本低，聯盟鏈可以更有效率地流轉行業內頭部企業的數據價值，從而達到促進全行業發展的目的。

下面將具體通過介紹聯盟鏈的兩個經典案例，包括螞蟻開放聯盟鏈以及 IBM 超級賬本 Hyperledger，來分析聯盟鏈的應用場景以及價值，並展望聯盟鏈的未來發展。

（1）螞蟻聯盟鏈

2019 年，螞蟻區塊鏈搭建了專為大型企業服務的行業聯盟鏈，應用的典型場景主要包括溯源、跨境匯款、電子票據、上鏈服務等，為企業帶來高效率的服務。但該行業聯盟鏈的服務對象僅限於大型頭部企業，要求這些企業必須自行搭建自身的區塊鏈系統，再通過接口接入螞蟻聯盟鏈，這對中小企業而言門檻過高，由於缺少中小企業的參與和資源的融入，行業聯盟鏈的應用價值有限。

2020 年 3 月，在推出行業聯盟鏈之後，螞蟻又推出了開放聯盟鏈，並在 2019 年 11 月 8 日開啟全民公測，2020 年 3 月 31 日實現商業化上線。開放聯盟鏈和行業聯盟鏈不同之處在於開發門檻大大降低，而且上鏈時間也會縮短，為中小企業開發區塊鏈應用，方便企業之間的價值流轉。中小企業的開發門檻基本不到萬元級別，幾分鐘內基本可以完成部署，開放聯盟鏈為中小企業提供了接入螞蟻區塊鏈的接口，即使中小企業沒有自行構建區塊鏈的能力，也可以享受螞蟻聯盟鏈的服務。螞蟻聯盟鏈的運作模式和公鏈比較相似，也是採用 Gas 費的方式完成交易，每秒交易量可以達到 100 筆，而且鏈上的隱私計算能力強大。

除了底層技術，螞蟻聯盟鏈的應用場景解決方案也非常多元，主要包括以下六類場景：

- **娛樂與遊戲**：開放聯盟鏈可以為遊戲小程式提供資產的找回和保護功能，也會提供流量的支援；
- **慈善公益溯源**：利用區塊鏈技術賦能物聯網 IoT，捐贈源

頭和公益物資流轉過程可以在鏈上追溯，實現物資公開透
明可溯源；

- **版權與合約：**開放聯盟鏈可以提供存證、查詢、數據監測
  等服務，解決認定和協同問題；
- **社交組織：**聯盟鏈可以促進社會中各類組織或家族關係的
  組建和延續；
- **金融票據：**金融是在聯盟鏈中應用最早也是最廣泛的方
  向，金融票據借助聯盟鏈可以協助中小企業實現低成本的
  信息流通，提升效率，保持高度透明度；
- **上鏈協作：**螞蟻聯盟鏈可以為企業提供上鏈服務，也會在
  螞蟻生態內為企業匹配續修，實現協同合作。

目前已經有相當一部分企業接入螞蟻開放聯盟鏈，接入阿里
流量，螞蟻鏈生態日漸繁榮，主要客戶包括 ChainIDE、冪瑪科技、
浙江卓科、蟲蟲音樂等，開放聯盟鏈為企業的區塊鏈應用開發提
供了新基建。

（2）IBM 超級賬本 Hyperledger

聯盟鏈的另一個主要落地應用則是超級賬本 Hyperledger
Fabric。Hyperledger 於 2016 年啟動，是一個 Linux 基金會託管的
開源項目，Hyperledger 是 Linux 發起的 70 個開源組織中發展最
為突出的組織。Hyperledger 的目的在於創建企業級的分佈式賬本
來推進企業之間的商業交易，同時希望打造開源技術社區，設立
分佈式賬本測試項目，共同推進全球分佈式進程，推進數字化。
它是一個全球範圍內的行業龍頭企業的合作項目，覆蓋的領域很
廣，具體包括金融業、供應鏈服務、物聯網、製造業等等。

目前 Hyperledger 生態中的成員主要是世界範圍內的銀行、
互聯網公司、金融科技公司等等，中國的成員包括阿里巴巴、

騰訊、百度這些知名互聯網巨頭，它們幾乎都在 2018 年加入了 Hyperledger 生態。從全球範圍來看，跨國科技公司和諮詢公司 IBM，以及世界最大的半導體公司英特爾是其生態中最重要的成員。截至目前，超級賬本上共有接近 20 個企業級區塊鏈應用項目，下圖展示了 Hyperledger 的項目構成。其中一個特色項目是 IBM 貢獻的 Fabric 平台，它有着較好的可伸縮架構，是可滿足企業級服務的開源平台。據 IBM 披露，Fabric 目前有超過 200 個項目，其中包括阿里巴巴、戴爾、谷歌、微軟等大客戶。從生態角度來看，Hyperledger 目前是全球最大的區塊鏈聯盟，Hyperledger 會員的成長速度是 Linux 所有組織中增長最快的，其中 20 個會員來自中國，四分之一來自亞太地區。

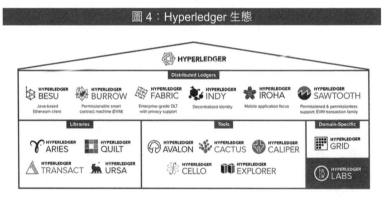

圖 4：Hyperledger 生態

資料來源：Hyperledger 網站

　　Hyperledger 超級賬本聯盟鏈在快速增長的同時也有一定的發展瓶頸。最主要的瓶頸就是聯盟內基本準則的制定，Hyperledger 會員和項目數量近年增長迅速，內部資源需要統一的聯盟內的標準才可以實現最大程度的整合。為了制定聯盟內基本準則，領軍企業 IBM 主推開放原則，避免區塊鏈內過度中心化，具體包括開

放代碼、開放標準和開放治理三個原則，目的是降低企業之間交流的壁壘，提供開放的環境，實現共同治理和資源的有效整合，進而促進聯盟整體的發展。

（3）聯盟鏈的未來展望

總體來看，聯盟鏈參照了公鏈的燃料費（Gas）促成交易、分佈式治理等運作模式和理念，但效率更高，商業化更健全，是企業級 2B 應用的最佳選擇。當前全球環境非常適合聯盟鏈項目的落地和發展，愈來愈多的企業開始改變看待區塊鏈的方式，並嘗試部署聯盟鏈。我們預計在未來，不同聯盟鏈之間，以及聯盟鏈和公鏈的連通程度將會更高，資源的整合會更好，生態會更加繁榮，未來的聯盟鏈將會有更多中小企業的加入。隨着後續聯盟鏈上的交易量和內容不斷加深，價值不斷上升，會逐漸引入激勵機制以及配套的監管機制，營造一個更和諧的生態環境。在應用場景方面，除了現有的金融領域比較成熟應用外，未來會出現更多關係國計民生的場景，比如智慧城市、教育、醫療、文化等等。

5.3.2　區塊鏈與雲計算融合（BaaS）

BaaS（Blockchain as a Service）指的是利用雲技術的基礎設施優勢，賦能區塊鏈生態環境和開發平台。區塊鏈與雲計算結合的好處在於，有效降低了企業應用區塊鏈的部署成本。BaaS 節點可快速建立對開發者友好的開發環境，提供基於區塊鏈技術的各項服務。在區塊鏈去中心化應用的開發方面，以太坊等公鏈的共識機制可能降低其交易效率，Gas 費也比較高，使用 BaaS 平台比在公鏈部署技術門檻更低，部署效率更高，更適用於大型企業。

BSN 是 BaaS 平台的一個典型例子，發起單位以央企為主。BSN 是一個區塊鏈服務網絡，通過建立一個區塊鏈環境連接所有

數據中心，底層數據中心包括騰訊雲、阿里雲等服務商，這些雲
服務商將其頻寬或儲存空間接入 BSN，進行銷售；上層網絡中集
成了聯盟鏈與公鏈框架，創造區塊鏈運行環境，目前 BSN 集成的
聯盟鏈框架包括 Fabric、FISCO BCOS、Xuper Chain 等，公鏈包
括以太坊、EOS 等，作為基礎設施供開發者選擇使用；聯盟鏈與
公鏈框架之上有多個門戶，門戶商可以借助 BSN 網絡來低成本搭
建自己的 BaaS 平台，吸引開發者開發應用。2020 年 4 月 BSC 被
納入「新基建」範圍內，正式開始用於國內商業化應用，截至 2020
年 11 月，BSN 在全世界共有超過 130 個節點，分佈在六大洲。

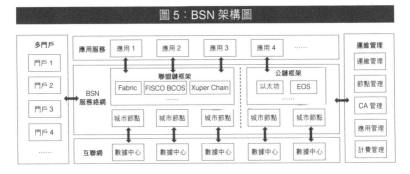

圖 5：BSN 架構圖

資料來源：PANews 網站

BSN 網絡的優勢主要在於以下三點：

- **操作簡單**：BSN 網絡為開發者提供全部區塊鏈的管理服
  務，包括節點管理、運維管理、應用管理、計費管理等
  等，且全部實現自動化，開發者在網絡中的操作運行比較
  方便；
- **安全性高**：BSN 網絡提供 CA 管理、身份認證、數據安
  全管理、許可權管理等各項安全服務，保證應用和資金的
  安全；

- **靈活開放**：BSN 網絡中的三級參與者，包括雲服務商、聯盟鏈和公鏈、門戶商，可以自由加入或者退出網絡，只要符合協議標準，網絡參與靈活開放。

5.3.3　數字金融

金融領域是區塊鏈多種應用方向中發展最早、應用最多元、最成熟的領域。隨着區塊鏈在金融行業應用，應用逐漸從單一到多元發展，基於眾多的金融應用場景，我們選擇了保險服務、供應鏈金融、跨境支付、信託服務這四個較為重要的應用，淺析區塊鏈技術在金融領域的應用價值。

（1）保險服務

區塊鏈技術的共識機制、共同治理理念與保險的道德選擇觀念有相似之處，保險服務被認為是未來區塊鏈在金融領域的重要發展方向，數字保單是未來的發展趨勢。目前傳統保險業的痛點主要包括：一、信任成本較高，客戶和保險公司的溝通比較少，保單信息不透明；二、決策的道德評估難度高，中心化程度高；三、繳納、理賠、結算有一定的違約風險，有「騙保」現象發生，保險市場的監管不夠完善。

通過區塊鏈技術為傳統保險行業帶來的益處主要包括：

- **提高效率、降低成本**：利用區塊鏈技術，每一張保單可以作為一個 NFT 上鏈，所有的信息、交易和流轉數據全部在鏈上被記錄，保證交易的真實性和透明度，具體資訊可包括投保人個人信息、保險類別、定價和理賠標準等。同時區塊鏈可以提高保險行業的效率，以意外保險為例，一旦發生保險事故，便會自動觸發智能合約，將會自動進行保單的審理、賠付等過程，整個理賠流程將會得到優化，

效率大大提高，同時這些過程不再基於人工信任，所以核保成本和用戶繳納的保費都比較低。另外，區塊鏈技術在財務結算方面有着強大的優勢，結合智能合約的使用，保費的繳納、賠付的結算準確性將會提高。

- **業務模式創新：**區塊鏈可以允許 DAO（Decentralized Autonomous Organization）作為虛擬的決策系統，即不再需要中心化的人工決策。繳納的保費由 DAO 儲存，需要進行賠付的時候，參與互助保險的所有被保險人通過投票來決定最終理賠結果。區塊鏈技術使得保險繳存保費的繳納、管理、賠款支付，全部由經由 DAO 投票表決，結果具有透明性、安全性，以及高度自動執行所帶來的高效性。其中 DeFi 項目 Nexus Mutual 就在保險中引入了 DAO 的治理，Nexus Mutual 背後有一個風險共擔的資金池，由持有代幣 NXM 的社區成員投票表決理賠的結果。

（2）供應鏈金融

供應鏈金融指的是銀行向主要的核心客戶提供服務，同時也為該企業的上下游供應商或分銷商提供貸款和預付，或其他服務，即是以核心企業為中心進行系統內融資。供應鏈融資近年來特別受中小企業青睞，中小企業供應商的資產和徵信水平普遍不高，貸款融資難度較大，利用供應鏈金融獲得貸款是中小企業融資的重要解決方案。

傳統供應鏈金融的弊端主要在於企業的背景真實性難以核查，偽造合同和殘次抵押品等問題在供應鏈金融的實際運作中時常發生，在票據真實性和抵押品質量無法保證、供應鏈兩端的中小企業缺乏信用背書的情況下，金融機構難以評估小微企業的業務背景、償還能力以及信用風險，考慮到風險因素，不會參與供

應鏈融資,小微企業繼而出現融資難的問題。除了抵押品質量和票據真偽問題,供應鏈金融體系內信息溝通效率低、不透明是制約供應鏈金融發展的另一個因素,由於供應鏈內的信息不透明,流轉效率低,金融體系往往不能覆蓋供應鏈兩端的企業,只能服務核心企業的上下游關聯企業,信用只傳遞了一級。

區塊鏈技術在供應鏈金融中最大的用處則是將票據、賬單、合同等數字化,非同質化代幣 NFT 將在未來票據上鏈方面發揮極大的作用,標記在鏈上的票據造假的可能性幾乎為零,增加了供應鏈的透明度、可信度,而代幣化的票據可以拆分並作為憑證,支付給不同層級的供應商以便融資。區塊鏈構建了供應鏈全鏈的信用體系,包括金融機構、銀行、分銷商、供應商、第三方企業,而不僅僅局限於核心企業的一級供應商或分銷商,可以在最大程度上實現「四流合一」(四流:資金流、信息流、物流、商流),解決中小微企業融資難的問題,提高資金使用效率。

(3) 跨境支付

傳統的跨境支付方式主要依靠各國支付機構之間搭建的信任鏈,中間機構環環相扣地將資金轉移給下一層,匯款人的資金需要經過支付機構,才可以到達收款人賬戶。各國的金融機構都是獨立的,各個機構有自己獨立的賬本,信息的開放和共用程度有限,信任鏈條的成本較高。目前最主要的跨境支付方式是電匯,除此之外也有專門的跨境匯款機構,用戶也可以用國際信用卡比如 Visa 實現跨境匯款。

傳統跨境支付模式的弊端顯而易見:

- **手續費高:**在跨境匯款時,往往每一層中間機構都會抽取一定比例的手續費,同時對於匯款者來說,也要考慮匯率風險。

- **流程複雜、匯款時間長**：不同中間機構處理匯款的效率差異大，並且考慮到時差、工作日等因素，匯款的時間可能較長。

- **受世界各國監管政策影響**：跨境支付過程中涉及不同國家的境外付款、轉賬的條例，能否成功付款及效率如何受各國監管政策的影響。

而透過區塊鏈技術分佈式賬本、分佈式儲存等技術特性，數據透明且無法被篡改，基於分佈式賬本，收款人和付款人可在毋須信任的和第三方中介存在的條件下進行跨境轉賬，打破了傳統跨境轉賬一對一、環環相扣的信任鏈條模式。同時，利用區塊鏈網絡中點對點的支付技術，可以實現即時收付款，解決了支付時間週期長、流程複雜、手續費高昂等問題，而且支付過程不受任何時間、地域、監管所限制。智能合約下的跨境支付成本低、速度快、更加高效，可以有效推進全球資本的整合利用。其中Ripple 是區塊鏈技術在跨境支付中的應用實例，世界各地收款人或付款人都可以通過 Ripple 區塊鏈網絡實現即時支付和清算，進行低成本跨境轉賬。

(4) 信託服務

信託行業作為一個古老而又不斷創新的非銀行金融機構，為眾多高淨值客戶提供投資機會，在維護社會良好的金融生態體系、激發金融市場競爭能力等方面發揮重要的作用。但近年來，不斷出現信託行業的風險事項，信託公司之間品質差距愈來愈大，違約事件發生頻率變高，波及範圍更廣。信託業頂層的設計不足之處主要是運行過程信息透明度不高，委託人未有深入了解信託公司，信託公司的信息披露不夠充分，而且資訊的真偽也難以分辨，可靠性不強。信託業的發展關鍵在於信任度，而區塊鏈技術與信

任機制有密不可分的關係，將區塊鏈技術嵌入到信託業信任機制當中，將大大改善傳統信託行業的不足。區塊鏈技術將在以下兩方面賦能信託行業：

- **保證信息透明不可篡改**：由於區塊鏈採用分佈式記帳、分佈式儲存，信託中委託人、受託人、受益人之間的信息是透明、可追溯且無法篡改的。而信託的很多產品特別是公益的信託產品，捐贈人因對資金使用的流轉缺乏了解，失去投資的積極性。區塊鏈技術可以有效幫助委託人、受益人、受託人三方實時查詢資金的流轉過程，使鏈上資金信息始終處於公開透明的狀態。

- **信息共享成本低**：由於區塊鏈有着完全開放的特徵，受託人、受益人、委託人這些參與者可以即時檢閱區塊數據，毋須進行多方傳達信息來實現信息共享，信息共享的成本就會大大降低，信息的真實性和可靠性也會有保障。

參考資料

孟永輝，〈當區塊鏈走向成熟，競爭態勢正在改變〉，未央網站（https://www.weiyangx.com/361967.html）。

〈論區塊鏈和互聯網的歷史相似性〉，金色財經網站（https://m.jinse.com/bitcoin/291171.html）。

〈現在的區塊鏈，是萌芽時期的互聯網嗎〉，虎嗅網站（https://www.huxiu.com/article/232328.html）。

〈對比互聯網歷史，區塊鏈才到 1996 年〉，鏈聞網站（https://www.chainnews.com/articles/657408754750.htm）。

證券及期貨事務監察委員會，〈立場書監管虛擬資產交易平台〉（https://www.sfc.hk/web/files/ER/PDF/20191106%20Position%20Paper%20and%20Appendix%201%20to%20Position%20Paper%20(Chi).pdf）。

〈香港將全面監管虛擬資產，交易所持牌經營成硬性要求〉，PANews 網站（https://www.panewslab.com/zh/articledetails/D30814439.html）。

〈香港證監會 SFC 發佈數字加密資產交易監管 —— 立場書〉，鏈聞網站（https://www.chainnews.com/articles/106230616814.htm）。

〈區塊鏈的未來是公鏈還是聯盟鏈〉，新浪財經網站（https://finance.sina.com.cn/blockchain/coin/2020-04-17/doc-iircuyvh8346331.shtml）。

〈聯盟鏈發展現狀〉，騰訊雲（https://cloud.tencent.com/developer/news/588336）。

〈區塊鏈在跨境支付、清算結算領域的應用分析〉，新浪科技網站（https://tech.sina.com.cn/roll/2020-04-30/doc-iirczymi9245387.shtml）。

〈首席架構師揭秘 BSN 究竟是甚麼？〉，PANews 網站

（https://www.panewslab.com/zh/articledetails/1591948224930306.html）。

陸岷峰，〈區塊鏈技術如何賦能信託業？〉，零壹財經網站

（https://www.01caijing.com/blog/335203.htm）。

〈區塊鏈 VS 供應鏈，天生一對〉，德勤（https://www2.deloitte.com/content/dam/Deloitte/cn/Documents/strategy/deloiitte-cn-consulting-supply-chain-meets-blockchain-zh-200825.pdf）。

王桉、Gen Re，〈區塊鏈技術的保險應用場景〉，A Bershire Hashaway Company（https://media.genre.com/documents/iipc1808-1-cn.pdf）。

艾瑞諮詢，〈區塊鏈供應鏈金融的落地政策及發展趨勢分析〉，格隆匯（https://m.gelonghui.com/p/299290）。

肖颯，〈對比各國虛擬幣監管政策，誰是法律凹地？〉，中新經緯網站

（https://www.jwview.com/jingwei/html/m/05-18/400874.shtml）。

Putin、Wilson，〈區塊鏈火熱，你需要了解這六個監管較明確地區的現狀〉，鏈聞網站（https://www.chainnews.com/articles/696170438370.htm）

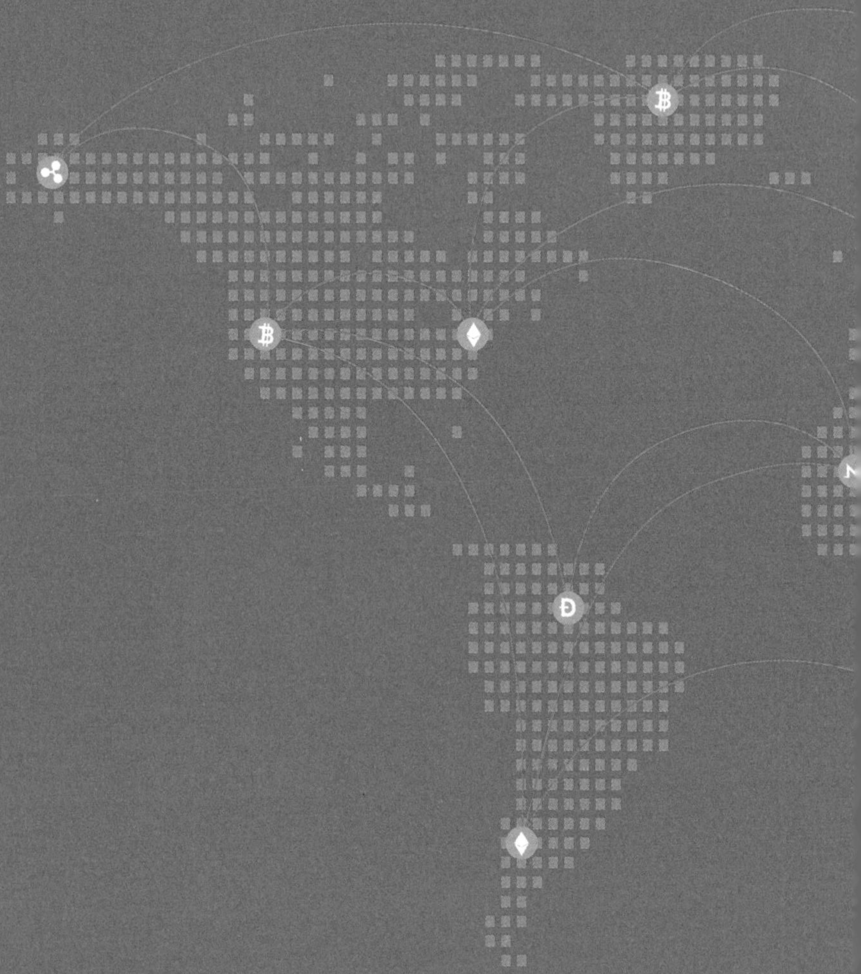

第二部分

新興行業與新的參與者
——區塊鏈行業生態構成

第 6 章

創新的源頭

公鏈生態

　　區塊鏈按准入機制可以分為公有鏈、聯盟鏈和私有鏈。公有鏈以比特幣和以太坊為代表，因其去中心化的特性，蘊藏著巨大的經濟價值，可以說公鏈及其生態是區塊鏈技術的創新源頭。其中挖礦是公鏈生態的最上游，它源於共識機制，是個體對區塊網絡作出貢獻的獎勵方式。此外，每條公鏈都需要通證作為激勵機制與機器協作的必要載體，通證有包括 token 和 coin 在內的多種稱謂。而 token 作為區塊鏈世界中的貨幣，有著價值尺度和流通手段的基本職能，隨著 token 應用場景和種類的增加，對於流動性有著更大的需求，數字貨幣交易所便應運而生了，數字貨幣交易所包括中心化交易所和去中心化交易所，兩者有著不同的優勢和劣勢，互相補充，為數字資產提供交易場所、增加流動性。另外擁有了數字貨幣之後，人們首要關注的就是資產的儲存，數字錢包便誕生了，根據用戶是否擁有私鑰的控制權，數字錢包分為非託管錢包和託管錢包。但鑒於私鑰管理的諸多問題（例如能否妥善保管助記詞），近年來誕生了一些新型的錢包，新型錢包按照技術手段可以大致分成門限簽名、半去中心化管理、智能合約管理三大類，雖然三類技術手段設計思路不同，但都在不削弱安全性的前提下在私鑰管理方向取得了進展，大幅提升了用戶的使用體驗。挖礦、數字貨幣、交易所、錢包均是公鏈生態系統中的重要基礎設施。

6.1　公鏈——區塊鏈的源頭

　　區塊鏈網絡按准入機制可以主要分為公有鏈、聯盟鏈及私有鏈。

6.1.1　公有鏈

公有鏈向全世界開放，沒有准入門檻，任何團體和個人均可通過互聯網接入公鏈區塊鏈網絡。這類區塊鏈網絡最開放，代碼開源，數據不可更改，任何人都可以參與公鏈的開發和治理，不受任何組合和團體控制。因為其完全去中心化的屬性，往往蘊含着巨大的價值，例如 BTC 及 ETH。

公有鏈是區塊鏈的基礎，也是生態核心，而且也具有公開市場估值。區塊鏈的交易所、錢包、借貸、挖礦其實都圍繞着公鏈展開，重要性怎麼強調都不為過。

6.1.2　聯盟鏈

聯盟鏈的使用可以向全世界開放，但有使用門檻，需要提前在區塊鏈網絡註冊。治理權由聯盟控制者掌握，只有預先指定的節點可以記賬，普通用戶只有使用權。其控制者通常是部分中心化組織，如集體組織、機構和國家。它僅僅利用了區塊鏈技術，對部分銀行和金融機構有應用價值，例如螞蟻區塊鏈及 Ripple。

聯盟鏈現在也叫許可區塊鏈，也進化出了開放聯盟鏈這一形態。由於公鏈參與者的不可控制性，聯盟鏈成為了企業真正使用區塊鏈的首選。此外，就是在共識機制上，由於聯盟鏈參與方都是企業，而且數量不多，很多公鏈上需要考慮全局共識的設計可以優先級下降。比如公鏈設計主要考慮兩個因素：一致性（Consistency），節點最終能看到相同的本地狀態；活性（Liveness），請求／交易總會在有限時間內被處理。這兩個在聯盟鏈這裏都可以被滿足。而在內地，聯盟鏈業務也是諸多企業的首選，技術提供方提供聯盟鏈底層，並在上面做行業定制化的修改，如面向溯源、防偽、供應鏈金融等。

6.1.3 私有鏈

私有鏈是完全對公眾封閉的區塊鏈,僅採用區塊鏈技術進行記賬,治理權不公開,數據也不公開,這種區塊鏈網絡可應用於企業內部,由內網節點負責維護和治理。對於公眾沒有太大價值,對於企業則有應用價值,其本質上並不屬於去中心化區塊鏈生態,例如 MultiChain 及 JPM Coin。

私有鏈雖然不算去中心化金融,但是銀行類的金融企業非常喜歡,除了 JP Morgan 以外,富國銀行也選用類似私有鏈的解決方案,專門為自己內部客戶服務。另外央行數字貨幣 CBDC 其實本質上也更類似私有鏈,使用鏈式結構與否都沒有關係。私有鏈和聯盟鏈相比,私有鏈更適合大型企業對內部跨區域的客戶羣使用,而聯盟鏈主要是 ToB 服務,典型場景是一方需要相信另一方,而另一方需要資質得以授信。

雖然上述三類鏈底層近似,表面上看只是參與者類型不同,但實質上代表了不同的商業形態。聯盟鏈和私有鏈與傳統經濟結合的較好,已經迅速上馬。公鏈的生態更加複雜和多樣,也因為是全球性的,目前還沒找到合適的商業落腳點,價值的體現出了共識外,會緩慢的向商業層面滲透。

6.1.4 公鏈比較

Bitcoin 是最早誕生的區塊鏈公鏈,採用 POW 共識機制及 UTXO 交易模型,比特幣的底層結構設計也被後續的區塊鏈公鏈延用或改進。在比特幣網絡中只能記錄交易信息,交易的確認是依據最長鏈原則,通過概率來保證不被惡意篡改。比特幣網絡中並沒有狀態的概念,沒有最終性,沒有 Dapp 和工具之類的更高層的生態。Ethereum 是最早使用智能合約的公鏈,採用 POW 共識

機制及狀態樹交易模型，具有最終性，這使得以太坊有條件搭建虛擬機（EVM），可以模擬傳統電腦的功能，進行複雜的合約交易，智能合約層搭建了 Solidity 編程語言。以太坊的高層生態格外豐富，基本囊括了所有方面，包括錢包、數字 ID、DAO、遊戲、DeFi、瀏覽器和社交媒體等。但由於生態的發達，也給以太坊的承載量帶來了巨大的考驗。像 Polkadot、Cosmos 等主打跨鏈性能的公鏈也紛紛在 2017 年出現，在最近兩年紛紛上線。目前共有幾十種公有鏈網絡，這其中多以以太坊作為標杆，改進以太坊的底層結構，提升網絡效率。他們有的注重效率的提升，有的注重隱私的保護，有的面向企業用戶，他們都在各自領域建設自己的生態。DeFi 的火爆也暴露出以太坊性能的不足，讓其他一些高性能公鏈有了發展空間，如 BSC、Solana、Polygon 等。

因為以太坊的網絡承載量不足，在以太坊的生態體系中具有獨有的擴容生態。正如我們在上面所討論，目前在智能合約層（layer 1）存在很多在底層技術上修改的公鏈，他們希望借此機會替代以太坊。而在中間層（layer 2）也有眾多團隊提出了擴容解決方案，這種方案多以側鏈的結構，將計算或儲存移到側鏈以減輕以太坊網絡的負擔。按照數據存放地可以為鏈下（如：Plasma、Validium）和鏈上（如：Rollup）兩種，鏈下儲存的問題主要是數據並不是即時可用，一旦遇到安全問題需要撤出，所有鏈下信息需轉移至以太坊主網，會給網絡帶來更大的負擔。以太坊社區更接受鏈上 Rollup 的解決方案，它只是將計算過程脫離主網，數據隨時可用。按照驗證機制可以分為 Validity proofs（如 zk-rollup）和 Fraud proofs（如 Optimistic rollup），並且可以將零知識證明集成其中，以提升數據的隱私性和安全性。Rollup 已經在 2020 年 10 月併入到以太坊 2.0 路線圖的核心部分，作為擴展性方案的核心。

6.2 Token ── 激勵機制與機器協作的必要載體

6.2.1 通證的必要性

通證是區塊鏈網絡中可以流通的權益的載體，通常把區塊鏈上的通證看作區塊鏈網絡的價值，通證持有者享有區塊鏈網絡的部分權益（如：使用權、治理權等）。維護區塊鏈網絡安全和共識需要消耗大量成本，因此通證設立的初衷是用來激勵區塊鏈參與者共同維護區塊鏈網絡。

目前通證的主要用途有貨幣、驗證、使用、網絡加速、治理、資產所有、利潤分配和融資等等。目前主流學派普遍認可代幣必要性，因為代幣激勵機制的存在有效促進鏈上治理，更容易使得區塊鏈網絡達成共識。論述代幣必要性的文章較少，部分學者認為代幣並不是在所有區塊鏈網絡中都是必要的，部分區塊鏈網絡應該最大可能的弱化代幣作用，還有部分代幣的投資價值和使用價值是割裂的，雙方的利益衝突可能會影響區塊鏈網絡的發展。

按照代幣的功能性，可以主要分為貨幣、功能型代幣和證券型代幣。Oliveira, Luis, et.al. 在 2018 年的文章，列出影響不同類型代幣的幾個關鍵因素，以及設計代幣的決策樹。

如表 1 所示，代幣的影響因素分類大致可以分為基本用途、治理因素、功能性因素和技術因素。每個因素往下又有細分因素，通證的經濟模型可以根據這些因素來劃分，設計新的通證經濟模型也可以以此為指導。

表1：代幣分類							
目的角度	分類	幣/加密貨幣		功能型代幣		代幣化證券	
	功能	基於資產的代幣		使用代幣		工作代幣	
	角色	權利	價值交換	費用	獎勵	貨幣	盈利
監管角度	陳述	數字化		具象化		法律	
	供給	基於計劃	預挖，計劃分發	預挖，一次性分配		自由裁量	
	激勵機制	准入平台	使用平台	長期		撤離平台	
功能角度	可消費性	可消費			不可消費		
	可交易性	可交易			不可交易		
	可銷毀性	可銷毀			不可銷毀		
	過期性	可逾期			不可逾期		
	同質性	同質化			非同質化		
技術角度	層	區塊鏈	協議			應用（Dapp）	
	鏈	新區塊鏈，新節點	新區塊鏈，分叉節點	分叉鏈，分叉節點		在協議之上發佈	

資料來源：Oliveira, Luis , et al. "To Token or not to Token: Tools for Understanding Blockchain Tokens."

6.2.2　部分代幣的分配和激勵機制

BTC 的通證模型屬於加密貨幣，總量 2,100 萬枚，通過 POW 共識機制挖礦獲得，並無預挖。每過四年挖礦獎勵減半一次，採用通貨緊縮型經濟模型，比特幣只存在交易價值，在技術層面上屬於公鏈，代碼原創並開源。

以太坊的通證模型也屬於加密貨幣，總量無上限，採用微弱

通貨膨脹的經濟模型，目前採用 POW 共識機制，未來將升級至 POS 共識機制。有預挖代幣用於 ICO 和以太坊基金會，以太坊不僅有交易價值，還可以實現更為複雜的計算和功能。

EOS 的通證模型也屬於加密貨幣，在以太坊上進行 ICO，初始發行量 10 億枚，總量無上限，採用每年增發 5% 微弱通貨膨脹的經濟模型，4% 用於社區保障基金，1% 增發給超級節點維護者，採用 DPoS 共識機制。EOS 繼承了以太坊的設計優點，提升了網絡效率但犧牲了部分去中心化。

BNB 的通證模型屬於通用型代幣，是幣安交易所發行的平台代幣，ICO 發行時總量 2 億，採用通貨緊縮的經濟模型，每年用 20% 的利潤回購 BNB 進行銷毀，達到通縮的目的。起初 BNB 是基於以太坊 ERC-20 發行的代幣，目前已遷移至新的 BNB 主鏈。

DAI 的通證模型屬於通用型代幣，是 MakerDAO 基於 ETH 抵押發行的穩定幣，其抵押資產價值略高於 1 美金，發行總量由抵押量決定，這種經濟模型對應了美元的通貨膨脹模型，DAI 是基於以太坊 ERC-20 發行的代幣，沒有離開以太坊平台的計劃。

Security token 目前知名的較少，因為其受到政策監管，本質是股權的代幣化，大部分 Security token 都需要向投資者發放分紅，並且也不具備隨意交易、銷毀和在區塊鏈網絡上消耗的功能。我們在估值部分會詳細討論我們對通證的分類和估值辦法。

通證經常受到詬病，原因就是價格大幅波動以及帶來的金融隱患。也有人建議去掉通證，公鏈的可編程功能仍然不受影響，但其實公鏈離不開通證，公鏈和通證是一體兩面的架構。通證要有激勵作用，就一定需要市場價格，公鏈是依靠通證的激勵，讓協作者一起為公鏈服務。同樣是組織，公司依靠法律架構將員工組織在一起，也依靠薪酬促使員工作出貢獻。公鏈沒有對應的法

律架構，但是有一套成文的規則，且寫在代碼裏，人人可見可驗證，這就是公鏈一套運行規則，依靠通證把所有利益方聚攏在一起。公司還有股東和管理層、員工的區分，他們都是持份者。所以通證對於公鏈是必不可少的因素，沒有通證的話，公鏈運轉比較困難。

表 2：區塊鏈經濟與傳統公司經濟類比		
	公司	公鏈
規則	法律	代碼
對象	員工	開發 / 節點 / 用戶
管理者	管理層	代碼
激勵	薪酬	分發通證
懲罰	制度	通證回收

6.3 挖礦 —— 區塊鏈生態最上游

6.3.1 挖礦起源

挖礦源於共識機制，是個體對區塊鏈網絡作出貢獻後得到獎勵的過程，比特幣網絡為了解決 BFT 問題達成共識，使用了 POW 共識機制。在這個過程中，網絡參與者需要解決複雜的數學問題來獲得打包權，用算力來保證區塊鏈網絡的正確性和統一性。

6.3.2 礦機的更迭

最早的挖礦是用個人 PC 完成的，2009 年比特幣的創世區塊由中本聰在自己的電腦上完成打包，當時的比特幣挖礦算力很低，全網節點很少，沒有多少人認可比特幣的價值。2010 年 10 月，

公佈了比特幣 GPU 挖礦代碼，對比 CPU 挖礦，計算過程大幅簡化，效率大幅提升，從此比特幣挖礦進入了 GPU 時代。隨着比特幣被愈來愈多人接受，參與挖礦的節點也逐漸增多，價值也在上漲。2011 年 6 月，第一台 FPGA 礦機誕生，這是純粹基於比特幣計算模式優化的礦機，沒有了 CPU 和 GPU 的功能，只能用於比特幣挖礦，但是很快 FPGA 礦機就被 ASIC 礦機取代，ASIC 也成為當今主流的礦機架構。隨着比特幣算力難度的提升，單一礦機甚至難以在其壽命內成功挖到礦，部分礦主聯合起來組建礦池共享算力和挖礦獎勵，本質上是一種風險對沖。在整個比特幣挖礦的發展進程上，一直是圍繞着比特幣演算法的優化和算力的提升來發展，目前的礦機供應商（如：比特大陸、嘉楠耘智）也在不斷優化和提升礦機的性能。

6.3.3　不同的加密演算法

比特幣的加密演算法是 SHA-256，它是由 NSA 設計的 SHA-2 加密散列函數的成員。萊特幣複製了比特幣的模式，但將加密演算法更換為 Scrypt，這是一個記憶體依賴型的 hash 演算法，挖礦會佔用很多記憶體空間，從而減少 CPU 的負擔。以太坊使用的加密演算法是 Ethash，它將有向無環圖（DAG）用於工作量證明演算法，通過共用記憶體的方式降低礦機的作用。還有許多其他的加密演算法，如 X11、Equihash、NeoScrypt 等，這些加密演算法都有他們特殊的用途。

POW 共識機制存在的最大問題是浪費資源，人們基於對共識機制的改良，誕生了 POS、DPOS、POC、POST 等多種共識機制，獲得這些區塊鏈網絡的打包權也可以認為是挖礦，但是不再需要像 POW 一樣消耗大量的資源。

由於比特幣和以太坊的存在，挖礦仍然是目前市場上最大的產業之一。可以看出，隨着挖礦機器的不斷優化，挖礦早已經從個人單打獨鬥轉向了產業化營運，即礦池。目前全球比較大的比特幣礦池都在中國，至少佔據全球 70% 以上的算力。

表 3：全球主要礦池算力情況	
礦池	算力
F2Pool	24,828.35 PH/s
Poolin	18,341.00 PH/s
Binance Pool	17,790.15 PH/s
BTC.com	16,110.00 PH/s
Huobi.pool	14,952.11 PH/s
AntPool	13,940.29 PH/s
ViaBTC	10,316.43 PH/s
58COIN&1THash	7,969.39 PH/s
Lubian.com	6,575.75 PH/s
SlushPool	4,101.93 PH/s
BTC.TOP	2,929.41 PH/s
NovaBlock	1,828.00 PH/s
TATMAS Pool	861.51 PH/s
WAYI.CN	715.62 PH/s
SpiderPool	550.28 PH/s

資料來源：BTC.com 網站（2021 年 6 月閱覽）

礦工以經濟利益為導向（挖礦），然後參與網絡的穩定和打包。對礦工而言，希望比較穩定而且有升幅，所以自然就成為了網絡的守護者。另一方面，礦工也是通證的首次分配獲得者，因為礦工需要支付電費、營運費，因此也對通證市場造成拋壓。有

些礦工比較精明，會自行判斷通證的價格，選擇合適的時間點售賣；有些礦工則有類似的想法，但是交易操作水平不足，就出現了服務這類礦工的產品，讓其可以享受到一定的未來通證的升幅，或者避免未來通證下跌帶來的困擾。所以服務礦工，也成了一些礦池的附加業務。

這裏可以稍微作出區分，礦工類似資金使用方，將錢投入到挖礦機器，精明的礦工可以自己搭建架構，弱一點的礦工可以選用市場服務 —— 即礦池。礦池相當於一個中介方，可以幫助選擇礦機、搭建廠房、安置機器，並讓機器正常運轉，從中收取一定的中介費用。部分礦池（如 btc.com、ant pool）也自己製造礦機，選用自家比特大陸的產品。礦池相當於礦機廠商業務的自然延伸。

在 POS 鏈開始嶄露頭角以後，也誕生了 POS 類型的礦池。POS 的通證持有者，其實都可以算作礦工，只要他參與 POS 挖礦即可，而 POS 礦池提供了這樣一種設施，只要把通證存進去。因為 POS 的共識原則，是需要持份者分別出塊，但是只持有通證還不夠，還需要參與節點的營運，參與投票，這不一個普通用戶可以做到的。而且有些 POS 鏈，如果出塊不穩定，還會面臨被懲罰 slash 的風險，需要專業的 POS 礦池，也叫 staking providers，去把一整套基礎設施搭起來，其實可以類比為雲服務。

POS 服務商的主要能力在於：一、穩定的服務架構，保證安全出塊；二、防止被攻擊，保證客戶資金安全，因為本身就是一個大額錢包地址；三、能夠代表客戶積極參與鏈上治理。

圖 6：主要 Staking 雲服務提供者

提供商	資產	國家	質押費用
HashQuark		開曼羣島	10-30%
Staked		美國	4.5-16%
MyCointainer		愛沙尼亞	9%
InfStones		美國	1-50%
Figment Networks		加拿大	3-15%
Just Mining		法國	5-15%
Btcpop		全球	2%
SNZPool		福克蘭羣島	1-25%
Stakecube		德國	4%
Everstake		烏克蘭	0-15%
Gentarium		愛沙尼亞	10%
Big Cat		中國	2-20%
stake.fish		南韓	4-20%
Wetez		中國	2-25%
P2P Validator		開曼羣島	3-15%
Stakin		英國	2-25%

資料來源：推特、CryptoDiffer（2020 年 7 月閱覽）

發展到現在，從屬性上來看 POW 更像企業遊戲，投入大筆資本（買入礦機），支付費用（礦池、營運、電力），獲取通證本位的收益。而且愈來愈集中於資金雄厚的礦工，未來會變得更加軍備競賽化。而 POS 更像提供固定收益的銀行服務，不僅面向機構客戶，也面向散戶，無論持有的通證多寡，都可以獲得通證本位的固定收益，也可以簡稱為存幣升息服務。

6.4 中心化交易所 —— 利潤豐厚但充滿爭議

6.4.1 中心化交易所的產生

價值尺度和流通手段是貨幣的基本職能，隨着區塊鏈行業的

快速發展，數字貨幣的種類也隨之增加，一種貨幣若不能與外界溝通、發揮其基本職能，也就不能算是真正的貨幣。

早期比特幣產生時，人們就有了使用數字貨幣的交易需求，當時主要是通過社區發帖或私人聊天室的方式進行買賣交易，通常被稱為場外交易（OTC，Over The Counter），但場外交易的違約風險較高且缺乏有效的價格發現機制。為了使得大眾更安全、穩定地進行數字貨幣交易，中心化交易所逐漸火熱起來。

中心化交易所與證券交易所一樣，採取傳統的 Order Book 交易機制，交易中的角色主要包括 Broker（經紀人）、Dealer（交易者）、Market Maker（造市商）和 Exchange（交易所）。具體流程可分為三個階段：

首先，交易者使用自己的錢包往交易所分配的某個貨幣地址充值，由交易者通過自己的賬戶下達訂單。其次，經紀人負責聯繫買方和賣方，造市商向其他市場參與者傳遞交易信息，提供買賣價格。最終，買賣價格匯總至交易所，並按照交易機制完成交易。

目前的交易所大都允許雙向交易，可以執行限價單和市價單等多種交易下單形式。區塊鏈交易所還擁有了分佈式記賬、公開性、不可篡改的特點，更確保了交易的安全與穩定。

此外，交易所還具備了期貨交易所、券商和基金公司等金融機構的屬性。由此可見中心化交易所在區塊鏈世界中扮演着十分重要的角色。

6.4.2 Mt. Gox ── 全球第一家大型比特幣交易所

Mt. Gox 於 2010 年 7 月 18 日成立，由美國企業家 Jed McCaleb 創辦，也是全球第一家大型比特幣交易所，曾一度作為

全球第一大交易所承擔約 80% 的比特幣交易量。Mt. Gox 在推動比特幣市場的崛起方面是功不可沒的，特別是在 Mt. Gox 交易所出現後，比特幣價格開始小幅穩定上升。隨着比特幣與多個法幣的交易開通，比特幣市場也迎來了第一次小牛市。然而，Mt. Gox 面臨着一系列長期的技術問題，2011 年 6 月遭遇了一次大規模的黑客攻擊，導致超過六萬個用戶名和密碼泄露，價值 875 萬美元的比特幣被盜走，致使平台關停一週。在隨後的幾年裏，不斷遭受黑客的攻擊。2014 年 2 月，Mt. Gox 在損失了持有的所有加密貨幣後宣佈破產。

6.4.3　中心化交易所弊端

Mt. Gox 雖已破產，但在中心化交易所的發展進程中仍是處於舉足輕重的位置，事件也使得人們逐步意識到中心化交易所存在不少安全隱患。

（1）資產安全問題

在中心化交易所交易的條件是事先在該交易所存入一定的交易金額，並由交易所代為託管，這就對交易所的技術水平以及系統構建有很高的要求。一旦中心化交易所被攻破，用戶的資產便化為烏有。

（2）交易平台缺乏監管

數字貨幣的交易原則是點對點支付，特點是去中心化；大型中心化交易平台卻企圖構建一個中心化的體系，這一點恰恰破壞了比特幣的生態，從而催生了一個巨大且不受監管的逐利空間。交易所的利益相關者包括用戶以及項目方，而交易所的所有交易及上幣規則都由交易所決定，因此兩者都與中心化交易所之間存在着不平等的關係。對於投資用戶來說，在交易前不僅要將資產

存入平台，還要支付一定的手續費；對於項目方來說，一旦某個交易所形成了壟斷地位，就會利用其壟斷優勢，不僅提高項目方的上幣門檻，還向其收取高昂的上幣費。此外，一旦項目方有操縱市場的動機，就可能與交易所聯合起來抬高用戶交易的手續費，且該幣種本身並不具有投資價值，從而大大損害用戶的利益，加大了整個交易市場的系統性風險。因此，完全寄望於交易平台的自律是不靠譜的。

6.4.4　去中心化交易所熱潮來襲

由於中心化交易違背了「去中心化」，「去中心化交易所」（DEX，Decentralized Exchange）概念開始火熱。簡單來說，去中心化交易所將所有的這一切都通過開源智能合約來實現，將資產託管、撮合交易、資產清算都放在區塊鏈上，較為透明且不易篡改。對於用戶來說，只需開通數字資產錢包，KYC 流程較為簡單，並自己保管資產和私鑰，因此安全性較高，也滿足了用戶私密性交易的需求。

2015 年以太坊網絡的正式運行，以及 2018 年 EOS 主網的上線，推動大量 DEX 湧現。2017 至 2018 年為 DEX 出現的高峰期，出現了 Bancor、OasisDEX、Stellar DEX、Switcheo Network、AirSwap、OmiseGo 等等。未來隨着數字貨幣市場的發展，將會有更多的去中心化交易所湧現。

6.4.5　Coinbase —— 合規還是盈收？

Coinbase 於 2012 年 6 月成立，是美國最大的網絡電子貨幣交易平台之一，業務主要包括比特幣錢包和交易平台。Coinbase 雖然業務在成交量的排名上較為靠後，但就安全性、公開透明度以

及信譽度而言，Coinbase 絕對是名列前茅，也被稱為全球最大的合規交易所。其合規性可以通過以下三個方面體現：

- **嚴格的法律程式**：Coinbase 對於各項法律程序非常謹慎，在 KYC（身份認證）和 AML（反洗錢）方面對於註冊用戶提出了較高的准入標準。

- **嚴苛的上幣要求**：首先，Coinbase 規定將 USDC 作為與法幣兌換的唯一一種穩定幣；其次，雖然 Coinbase 主板只有大家熟知的比特幣、以太坊、瑞波、萊特幣、比特幣現金、以太坊經典等等幣種，但也進一步確保了交易所的安全性。

- **政府許可優勢**：Coinbase 的一大核心競爭力在於其獲得美國政府許可，開展代幣交易。Coinbase 已經取得了 40 多個州的貨幣交易監管牌照，以及紐約州的數字資產牌照。在美國的用戶不僅可以使用其信用卡在 Coinbase 上購買比特幣，還可以輕鬆地將比特幣儲存在任何在線錢包應用程式中，並且可以通過電子郵件相互發送比特幣，甚至可以通過短信控制自己的比特幣。

因此，Coinbase 仍能在巨大的交易市場上拿下了一大塊市場份額，並建立了一個比較健康的現金池。

6.5　非託管錢包 —— 真正體現無許可金融的特性

6.5.1　區塊鏈錢包基本概念

如果你有了自己的數字貨幣，第一個思考的問題想必就是貨幣的儲存問題了，且貨幣的儲存地方必須有安全保障，由此數字資產錢包便應運而生。當然，隨着區塊鏈行業的快速發展，區塊

鏈錢包也發生了 1.0-3.0 的反覆運算,從早期的單鏈錢包發展為多鏈多資產錢包;從功能的角度來看,現在的電子錢包除了基礎的儲存轉賬功能外,還能與鏈上合約進行即時交互。可以說區塊鏈錢包就是區塊鏈用戶進入區塊鏈世界的門票。

關於區塊鏈錢包需要了解以下五個概念:

- **公鑰**:轉賬地址,可以對外公開,相當於銀行卡號
- **私鑰**:每個地址對應一個私鑰,相當於銀行密碼
- **助記詞**:私鑰的另一種展現形式,便於記住私鑰
- **Keystore**:加密後的私鑰
- **密碼**:為了進一步增強數字資產的安全性,大部分錢包會採取密碼的方式對私鑰做二次加密

6.5.2 非託管錢包和託管錢包

對於區塊鏈錢包的種類劃分方式有很多,本文以錢包的最重要的組成因素 —— 私鑰為角度,根據用戶是否擁有其私鑰的控制權,將其劃分為託管錢包和非託管錢包。

託管錢包,即不提供用戶私鑰或者把私鑰儲存在自己的伺服器中,用戶無法控制自己的私鑰。目前,許多中心化加密交易所(如 Coinbase、Bitfinex、Binance 等)、交易平台和經紀服務都有託管錢包。對於這些保管機構來說,託管錢包簡化了其提供的相關服務的流程,對於用戶來說毋需牢記其私鑰,即可迅速在託管平台進行無佣金的數字資產交易。但顯而易見,保管機構可能會出於系統維護或者 KYC(Know Your Customer)等原因凍結用戶的資產。用戶資金安全也與保管機構的安全性綁定,例如一旦交易所被黑客入侵,用戶資金就會全部消失。

非託管類型錢包,即讓用戶擁有私鑰的控制權,以完全掌控

自己的資產，並且幾乎不提供伺服器端的解決方案。但非託管錢包也有其缺點，如果用戶丟失自己的助記詞，則永遠無法找回自己的資產，且一旦泄露助記詞或私鑰，資產將有很大風險被他人掌控，此時需要立即轉移資產到其他地址。

6.5.3 非託管錢包的意義

正如早前提及的去中心交易所一樣，非託管錢包的價值在於實現了去中心化。正是由於這一特性，使得非託管錢包可以演變成多種形式，給用戶多種選擇。

（1）錢包種類多樣

目前最主流的錢包分類有以下兩種：

- **全節點錢包和輕錢包**：根據錢包的去中心化程度來劃分。全節點錢包需要同步所有區塊鏈數據，佔用大量記憶體，但是可以完全實現去中心化；輕錢包依賴比特幣網絡上其他全節點，僅同步與自己相關的數據，基本可以實現去中心化，但缺點在於交易驗證會稍微慢一點。

- **熱錢包和冷錢包**：根據錢包是否連網來劃分。常見的熱錢包有桌面錢包、手機錢包和網頁錢包；冷錢包一般是指紙錢包、硬件錢包這些不聯網或無法聯網的工具。

（2）錢包功能多樣

錢包的功能多樣，包括：

- **數字資產交易**：相比於中心化錢包只能在平台上交易，非託管錢包則可實現幣幣交易、去中心化交易所交易、聚合交易以及 OTC 交易，豐富了數字資產交易的方式。

- **資產增值**：錢包天然就具有金融屬性，當前錢包已經集合了包括礦池、理財、挖礦、項目投資等多種金融工具與功

能，可以滿足用戶資產增值的需求。

- **數字資產管理：** 類似於一些銀行的 APP，用戶可利用錢包進行轉賬、收款、查看資產詳情及交易詳情等。此外，經過互聯網對金融基礎設施的改造，還可以提供多種額外的服務如理財、基金、保險、便民支付、借貸等，實現分散資產的統一管理。

6.5.4 從密鑰管理看錢包發展

私鑰管理是加密錢包的重要部分，在一定程度上私鑰管理幾乎可以和錢包安全性劃等號。當然錢包的私鑰管理又是最容易出問題，目前錢包產品涉及到幾個問題：1）私鑰本身難以記憶，幾乎不可能被普通用戶採用；2）HD 錢包的助記詞形式流行，但仍需妥善物理保存；3）完全中心化錢包（如交易所錢包），使用起來體驗和傳統賬戶密碼模式非常接近，但是信賴完全在交易所那邊；4）易用性、安全性之間是一個平衡過程，必須對中心化和去中心化作出抉擇。

除了傳統的 HD 助記詞錢包，最近一兩年誕生了多種新型錢包，在私鑰管理方面取得了大進展，特別是在不削弱安全性的前提下，大幅提升了用戶使用體驗，我們認為新型的錢包按照技術手段大致分成三類：

- **門限簽名：** 以 ZenGo 為代表
- **半去中心化管理：** 以 Torus，Fortmatic 為代表
- **智能合約管理：** 以 MYKEY、Argent、Dapper 為代表

但每個錢包產品的技術路徑和設計思路都不盡相同，下面我們會以具體產品為例，介紹各自特點和獨特的技術。

(1) 門限簽名

◎ ZenGo

ZenGo 運用了基於安全多方計算（MPC）的門限簽名技術（Threshold Signature Scheme，TSS），其使用分片把錢包的私鑰分成兩個部分，一部分儲存在 ZenGo 的伺服器上，另一部分保存在手機上。若用戶使用 iOS 系統，手機上的部分可以通過使用 TouchID / FaceID 授權訪問；若使用 Android 系統，將借助 ZoOm® 3D Face Authentication Solution 授權訪問，只有手機方和伺服器方私鑰同時在線簽名，才可以控制錢包（加密貨幣交易的簽名）。

- **無障礙使用：** 用戶在整個使用錢包過程中不會接觸到密鑰，也不需要自己保存和記錄密鑰，通過刷臉或指紋控制整個流程，易用性極高。

- **錢包恢復：** 若需要錢包的恢復，假設用戶的設備丟失，設備的密鑰之前被存於 ZenGo 伺服器上，解密密鑰則通過個人 iCould（iOS 系統）或 Google Drive（Android 系統）儲存，通過 iCloud 或 Google Drive 就可以恢復設備密鑰。若 ZenGo 伺服器關停，其建立的託管服務 Escrow 會進入恢復模式，協助客戶還原密鑰。只要丟失設備和 iCould / Google Drive 伺服器關停並非同時發生，就可以恢復錢包和資產。

- **密鑰的生成：** ZenGo 的密鑰生成過程，也是採用了分佈式密鑰生成（Distributed Key Management，DKG），每方（這裏是兩方）各持有私鑰的一部分，並且不向對方透露該部分。公鑰的生成過程和傳統的生成過程近似，保持區塊鏈的一致性。

ZenGo 是以門限簽名技術生成和管理密鑰，門限簽名技術相較於密鑰共享模式（Secret Sharing Scheme，SSS）有一定優勢：1) SSS 的生成過程中，會有一個單一的 dealer，負責生成密鑰的分片並負責分發，門限簽名則沒有；2) SSS 的簽名過程中，需要各方重建私鑰，而門限簽名則不重建，分佈式就可以處理相關的簽名。例如，ZenGo 需要用戶和伺服器分別簽名，但不用將各自保存的分片先行重組。

(2) 半去中心化管理

半去中心化錢包是借助了中心化的互聯網伺服器（如 Google、Facebook 的賬號或者密鑰系統），來登錄和控制去中心化的服務，並加以技術手段保證密鑰安全，符合傳統互聯網用戶習慣，其思路也值得借鑒。

◎ Fortmatic

Fortmatic 是一款網絡輕錢包，但是和 MetaMask 不同，並非瀏覽器的外掛程式，而只是一個錢包的 SDK，用戶只需要通過手機號就可以註冊一個以太坊賬戶，這比傳統的助記詞類賬戶方便很多。Fortmatic 賬戶也是跟隨手機，只要手機能接受短信驗證碼即可。Fortmatic 主要是面向 Dapp 而開發的，大幅簡化了用戶使用 Dapp 的繁瑣流程，號稱從 22 個步驟減至 8 個步驟，而且該賬戶系統跟隨手機，在瀏覽器上隨時可以登錄。

Fortmatic 的私鑰管理採用半去中心化的代理私鑰管理（Delegated Key Management）模式，在 2019 年 11 月升級後採用，之前採用的是託管模式（Custodian Model）即中心化模式。代理私鑰管理下所產生和加密的用戶私鑰都放在 Fortmatic 的安全飛地（secure enclave）上。

代理私鑰管理的流程是：Fortmatic 使用亞馬遜的 AWS Key

Management Service（KMS），用戶直接和亞馬遜 KMS 進行交互，完全不會通過 Fortmatic。AWS KMS 會提供硬件安全模組 HSM 提供用戶主鑰匙，用戶的加密和解密完全在 HSM 裏進行。

- 密鑰生成：用戶通過 Fortmatic Relayer，在亞馬遜的 Amazon Cognito 完成用戶註冊，然後生成私鑰，用戶使用 Amazon Cognito 生成的範圍憑證（Scoped Credential）通過 HSM 加密後，私鑰保存在用戶手裏，Fortmatic 方面也保存了加密後的私鑰作為回復備份。

- 密鑰使用：用戶直接和 HSM 交互，HSM 負責解密或加密密鑰，用戶使用解密後的密鑰簽名交易，與區塊鏈應用交互。

- 賬戶恢復：若用戶忘記密碼，需要使用郵箱進行驗證，通過亞馬遜的 Amazon Cognito，獲得訪問通證和範圍憑證，用戶可以用訪問通證從 Fortmatic 下載加密後的私鑰。

這種私鑰的管理模式，使得其他方很難接觸到解密後的私鑰，除非亞馬遜的 KMS 出現 bug，當然前提是用戶需要相信亞馬遜的 KMS 不會受到攻擊，以及亞馬遜不會竊取用戶密鑰。

（3）智能合約管理

2019 年，Vitalik 在上海萬向區塊鏈峰會提及智能錢包 smart wallet（或稱為 contract wallet）的概念，是指通過智能合約來控制錢包裏的代幣，還可以支持多簽、密鑰進行分佈式保存，還支持社交賬戶。由於概念較新，目前業內對於智能錢包也有不同的定義：

1）Monika 和 Gernot 在一篇論文中將智能錢包定義為：可以提供增強的特性，比如任意交易的授權、丟失密鑰後的機制恢復、特性的模組化延伸或者高級 token 標準等。

2）MYKEY 對智能錢包的定義是：智能錢包是一種與一個或一組智能合約交互的錢包，仍通過本地保存密鑰的方式來管理一個由智能合約控制的賬戶，以替代區塊鏈原生的賬戶體系。通過智能合約所定義的邏輯，該賬戶具備更加豐富的功能，可以實現賬戶許可權的分割及恢復、限制轉賬額度等功能。智能錢包實現了安全性（security）和易用性（usability）的平衡。

如果完全以是否屬智能合約賬戶作為標準，則只有那些使用了智能合約賬戶的錢包系統才可以算作智能錢包。但是如果以用戶體驗來說，那些同樣可以做到安全特性的錢包也可以被稱為智能錢包，例如 ZenGo，雖然嚴格定義上不能稱之為 Smart Contract Wallet。

智能錢包的技術基礎是以太坊的賬戶類型，如 Preethi Kasireddy 在介紹以太坊運行機制的時候寫到：「以太坊網絡包含了兩種賬戶類型，一種是外部賬戶，另一種是合約賬戶。」外部賬戶由私人密鑰控制（或衍生出的助記詞），沒有與之相關的代碼；合約賬戶由合約代碼控制，具有與之相關的代碼。

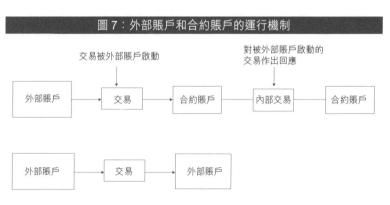

圖 7：外部賬戶和合約賬戶的運行機制

資料來源：〈以太坊的運作原理〉，整理自 Medium 網站（https://preethikasireddy.medium.com/how-does-ethereum-work-anyway-22d1df506369）

外部賬戶可以實現普通的價值轉移，可以通過向合約賬戶發送消息，來啟動合約賬戶代碼，進行一系列操作，如轉移代幣、寫入記憶體、生成新的代幣、執行計算、創建新合約等。合約賬戶自己不能啟動交易，必須收到其他外部賬戶或者合約賬戶的交易後，才能夠進行。

通過外部賬戶和合約賬戶的運用，在錢包上就可以添加智能操作，典型的智能錢包功能包括：

1）社交恢復機制：使用社會關係作為備份來恢復丟失賬戶；

2）時間恢復機制：若某賬戶一段時間內沒有交易，則在另一個指定賬戶恢復資金；

3）限額交易：限制每次交易的額度；

4）任意交易（arbitrary transactions）；

5）批量交易（batching transactions）：把多個交易放在一起進行，一次通過，比如 InstaDapp 的 bridge 功能，可以一個交易實現智能合約債務在不同平台的轉移（比如 Maker 到 Compound）；

6）ERC-20 token 交易 gas 費的免除（元交易），使用代理節點支付 gas 費，或者使用 token 支付交易費（在沒有 ether 的情況下）。

從目前的智能錢包產品來看，還沒有一個非常統一的架構或者標準，各個產品都在按照自己的業務邏輯去編輯智能合約功能，而且相關智能合約都是自己開發，也沒有調用外部的智能合約，錢包也要為智能合約的安全負責。現正處於起步階段，通行的智能錢包的標準還沒有出現。

另外對於密鑰的管理模式，各個錢包智能合約的設計思路也都非常不同，比如有的錢包完全不會讓用戶接觸到私鑰，有的錢包認為用戶保管自己的私鑰還是必要的（雖不涉及複雜的私鑰管理），現在也很難斷定哪類較易獲得大量用戶的青睞。

另外有的錢包雖然是智能合約錢包，但是業務邏輯比較混亂，比如一開始需要創造智能合約賬戶，但卻需要用戶先支付 gas 費，這貌似已經違背了智能合約的初衷，智能是用來解決問題的，不是來增加負擔的。

6.6　Coin 和 Token 的辨析

Coin 和 Token 是公鏈生態的最重要部分，在數字資產誕生初期，並沒有所謂的官方稱謂，而數字資產的類別在屬性上有很大的不同，所以數字資產一開始應該被稱為 Coin 還是 Token 顯得比較混亂。

在西方語境，加密貨幣一般會被稱為 crypto asset 或者 digital asset。在一些監管語境下，如反洗錢金融行動特別工作組（Financial Action Task Force on money laundering，FATF） 以及香港證監會（Securities and Futures Commission，SFC）的描述中，則稱之為 virtual asset。例如 2019 年 FATF 發佈的 *Guidance for a Risk-Based Approach to Virtual Assets and Virtual Asset Service Providers*，以及香港證監會同年發佈的 *Position paper: Regulation of virtual asset trading platforms*。

監管的語境也在不斷變化：

如早在 2014 年，FATF 發出了 *Virtual Currencies: Key Definitions and Potential AML/CFT Risks* 的指引文件，彼時仍稱加密資產為 virtual currencies。隨着加密資產功能及種類不斷增加，FATF 在 2018 年引入了新的定義，即目前一直沿用的 virtual asset。

而對於 SFC，最早的對於加密資產的官方表述文件為 2017

年發出的 *Statement on initial coin offerings*，彼時仍稱之為 digital
token。但是 SFC 已經就加密資產的性質做了一定的區分，如
部分加密資產近似 virtual assets，而剩下的加密資產則更加近
似 securities，甚至作更加詳細的區分，如 shares、debenture 或
collective investment scheme。而到了 2018 年，SFC 的文件 *SFC
Warns of Cryptocurrency Risks* 則開始稱之為 cryptocurrency，也間
接提到了 utility token。到了 2018 年 SFC 正式開始對加密資產行業
進行監管，發佈了 *Statement on regulatory framework for virtual asset
portfolios managers, fund distributors and trading platform operators*，
開始正式稱之為 virtual asset 並加以說明。採用行業一般性的說法，
也可稱之為 cryptocurrency、crypto-asse 或 digital token。

　　而美國 SEC 則對於加密資產的稱謂沒有甚麼特別之處，一開
始都稱之為 ICOs，有時也叫 Token 或 digital assest。而由於美國
聯邦分立監管的做法，州層面稱之為 virtual currency，而 FinCEN
則稱之為 convertible virtual currencies。SEC 主要的關注點在於
該類 Token 是否屬於美國證券法下識別的 securities，以及對應的
ICOs 是否為 securities offering，而對於 Token 本身提供的功能並
不做太多詳細的闡述。比如對於比特幣和以太坊這類的加密資產，
由於其中細化特性不符合豪威測試，因而不是 security 範疇，不
屬 SEC 監管範圍。

圖 8：美國 SEC 闡述的 token 監管立場
[-]　Tokens sold in ICOs can be called many things.
ICOs, or more specifically tokens, can be called a variety of names, but merely calling a token a "utility" token or structuring it to provide some utility does not prevent the token from being a security.

資料來源：SEC 網站

而瑞士的 FINMA（Financial Market Supervisory Authority）則在 2018 年對加密資產作出較為詳細的分類。與 SEC 一樣，FINMA 的角度是從監管 ICO 開始的，從經濟功能出發，並稱之為 Token，分成三類：

- Payment token 是加密貨幣的同義詞，沒有其他功能或與其他開發項目的連接。在某些情況下，代幣可能只開發必要的功能，並在一段時間內成為被接受的支付手段。
- Utility token 實用令牌是旨在提供對應用程式或服務的數字訪問的令牌。
- Asset token 代表資產，如參與實物基礎、公司或收益流，或有權獲得股息或利息支付。就其經濟功能而言，代幣近似股票、債券或衍生品。

新加坡金融管理局（MAS）則稱之為 digital token 或 digital payment token。

從監管角度，多數是於 ICO 這個語境下，稱加密資產為 Coin；若在別的語境，則更常以 virtual asset、crypto asset、crypto currency、digital token 等代稱。每個監管主體對其稱謂也不相同。

從經濟功能角度，則有另一種說法。早年行業的分類是區塊鏈原生代幣如 BTC／ETH，稱之為 Coin；若在區塊鏈上衍生其他加密資產，則稱之為 Token，如各類 Dapp、DeFi 的代幣。Coin 強調金融意義，Token 強調實用功能，如 utility token，securities token，payment token 等等。Coin 的稱謂承襲 Bitcoin，早期的加密資產都可以稱為 Coin，因為都是基於區塊鏈原生。如果以 Coin 代表加密資產原生資產，則以 Token 來代表基於區塊鏈的代幣或許更加清楚。

在經濟意義上，大部分加密資產屬資產類別，而不是貨幣類別；只有 BTC、ETH、穩定幣等少數加密資產具有 Coin 的意義，其他場景下使用 Asset 或者 Token 的區別並不大。

圖 9：不同監管及經濟角度下的加密資產稱謂

參考資料

Satoshi Nakamoto，〈比特幣白皮書〉，Bitcoin.org 網站（https://bitcoin.org/bitcoin.pdf）。

〈以太坊白皮書〉，Ethereum.org 網站（https://ethereum.org/en/whitepaper/）。

Ian Grigg，〈EOS 概覽〉（https://whitepaperdatabase.com/wp-content/uploads/2018/03/EOS-Introduction-whitepaper.pdf）。

〈ZkSync 概覽〉，zKSync 網站（https://zksync.io/faq/intro.html）。

Toshendra Kumar Sharma，〈私有鏈和公有鏈對比分析〉，Blockchain Council 網站（https://www.blockchain-council.org/blockchain/permissioned-and-permissionless-blockchains-a-comprehensive-guide/）。

〈全球最大的合規數字貨幣交易所：Coinbase〉，簡書網站（https://www.jianshu.com/p/d55932a0b650）。

〈託管錢包與非託管錢包的區別〉，簡書網站（https://www.jianshu.com/p/bc6c293cbc0d）。

〈一文縱覽區塊鏈錢包生態全景〉，鏈聞網站（https://www.chainnews.com/articles/786080731457.htm）。

Tristan Greene，〈比特幣挖礦硬件簡史〉，thenextweb 網站（https://thenextweb.com/hardfork/2018/02/02/a-brief-history-of-bitcoin-mining-hardware/）。

Androulaki, Elli , et al. "Hyperledger fabric: a distributed operating system for permissioned blockchains." the Thirteenth EuroSys Conference 2018.

Vukolic, Marko. "Rethinking Permissioned Blockchains." the ACM Workshop 2017.

Oliveira, Luis , et al. "To Token or not to Token: Tools for Understanding Blockchain Tokens." 39TH INTERNATIONAL CONFERENCE ON INFORMATION SYSTEMS (2018).

Foundation, L. X. L., Legal Counsel at Interstellar and Stellar Development (2019). Deconstructing Decentralized Exchanges. Stanford Journal of Blockchain Law & Policy.

第 7 章

真實的產品與用戶

去中心化應用

　　Dapp（Decentralized Application）指的是去中心化應用，即伺服器通過運行區塊鏈的全節點以保持對整個區塊鏈間的交互，Dapp 是區塊鏈生態系統中的最重要組成部分之一。Dapp 的兩個主要熱門方向是去中心化金融（DeFi）和非同質化代幣（NFT）。DeFi 是指向所有人開放的透明化的金融系統，並且完全依靠智能合約來執行，與傳統金融體系相比，DeFi 在流動性、自由度、公開透明性等方面都有顯著的突破和創新。DeFi 的主要賽道包括去中心化交易所（DEX）、借貸、保險、衍生品和去中心化資產管理，就功能而言，這些賽道多是將傳統線下金融的模式搬到鏈上，但同時又加入創新性邏輯，優化了傳統金融服務模式。而 Dapp 的另一個熱門方向 NFT 在 2021 年迅速竄紅，受到眾多名人和機構的青睞，被認為是 DeFi 的接棒行業，NFT 是唯一的、不可拆分的 Token，目前主要應用在遊戲、藝術品和社交代幣等領域，明確版權、實現創作人和權益的綁定是 NFT 受到青睞的重要原因之一。此外，NFT 中一個比較早期的領域 Metaverse 近年來也逐漸進入了人們的視野，Metaverse 指的是虛擬世界元宇宙，它在融資形式和社交方式上都對現實世界作出了創新和升級，未來元宇宙可能會創造出現實世界數倍的經濟體量，並且愈來愈多的人將會在元宇宙中探索。

7.1　Dapp —— 真正屬於區塊鏈的應用

7.1.1　Dapp 的興起

　　Dapp 全稱 Decentralized Application，即去中心化應用，也稱為分佈式應用。常規的 app 只有兩個因素 —— 伺服器和客戶端，

而 Dapp 則額外增加了一個因素：智能合約（區塊鏈端）。因此，Dapp 的伺服器通過運行區塊鏈的全節點，以保持對整個區塊鏈間的交互。其實 Dapp 這種模式更像是一種眾籌模式，先由發起人或組織，寫好白皮書明確了共識機制和代幣的分配與激勵機制後，持有代幣的人即可直接享受 Dapp 產生的利益，即成為該 Dapp 的股東，可以在相關的交易所用其「股票」進行交易。因此 Dapp 可以推動更多的用戶參與區塊鏈世界，而區塊鏈技術也可通過 Dapp 深入到各式各樣的場景。

其實 Dapp 的熱潮可追溯到 2017 年的那場 ICO 風波。隨着 ICO 項目的腰斬，幣圈進入了寒冬，而 Dapp 這種可將區塊鏈先落地的項目，給那些對區塊鏈失去信心的參與者們帶來了新的希望。特別是在 2018 年，在一款叫 CryptoKitties 以太貓的區塊鏈遊戲的帶領下，三大主流公鏈（以太坊、EOS、波場）的 Dapp 總數達到了 1,618 個，整個 Dapp 市場的交易總額也達到了 463 億人民幣。

雖然 Dapp 產品已經涵蓋眾多領域，包括加密貨幣交易所、遊戲、收藏、市場、量化交易、博彩等，但在 2019 年 Dapp 還是主要集中於遊戲、博彩、金融等領域，而兩大公鏈 EOS 和 TRON（波場）也一度被業內稱作「博彩鏈」。經過 2019 年的一年檢驗，雖然說「鏈上應用」是區塊鏈大規模普及缺失的一環，但 Dapp 市場就 2019 年的市場發展來看，關於遊戲以及博彩類的應用其實缺乏真實用戶，此外公鏈的性能不足也限制了去中心化應用的落地場景，使得 Dapp 難以與傳統互聯網的 APP 產品相匹敵。

7.1.2　DeFi 的火熱

雖然 2019 年 Dapp 市場陷入了不斷向下的困境，但隨着 DeFi 的崛起，DeFi 代替遊戲應用逐漸緩解了應用缺乏這一困境。

DeFi 全稱 Decentralized Finance，即去中心化金融。從字面上就可以明白 DeFi 的基本內涵，即構建透明化的金融系統並向所有人開放，毋須授權及依賴第三方機構。DeFi 的實現具有極高的可行性：金融活動中所有的借貸和清算過程只需通過智能合約來執行，就可以完全不用擔心違約，也毋須第三方參與。因此，這種機制與傳統互聯網產品的機制相比，賦予用戶很大的自由度和便利。再上升一個層次來看，DeFi 是最高效的借貸市場，有望實現真正意義上的普惠金融。

目前，DeFi 產品涵蓋交易、保險、穩定幣、借貸等領域，種類十分豐富。據 DeFi Pulse 統計，DeFi 生態發展的最重要指標 ── 生態鎖定總價值 (Total Value Locked，TVL) 在 2020 年上半年增加了 10 億美元，半年增長 147%。2020 年，自 Compound 於 6 月 15 日推出其治理代幣 COMP 的流動性挖礦模式後，更掀起了又一波 DeFi 的熱潮。雖然幣圈常被描述成零和遊戲，但如果 DeFi 能夠把現實的資產連進來，就能夠產生真實的價值。DeFi 能服務實體經濟，則真正的實現了 Dapp 的初衷 ── 推動區塊鏈的應用和普及。因此，DeFi 無論是流動性挖礦還是自己發幣，都是真正的有意義的項目。

7.2　DeFi ── 讓區塊鏈發揮活力

2020 年夏天，DeFi 在流動性挖礦的機制下被引爆，激活整個以太坊社區。DeFi 的意義在於讓區塊鏈真正找到了內生性的應用，因為區塊鏈本身就是一個資產交易網絡，DeFi 在這一層上把網絡的流動性聚合起來。由於有中心化金融的範例在前，DeFi 很快引入成熟的機制，並且給 crypto 的特點作出一定的更新。接著，

將討論 DeFi 的幾個主要賽道：交易、借貸、保險和衍生品的主要特點和潛力。

7.2.1　交易 —— AMM 機制解決了部分啟動問題

我們認為 DeFi 最重要的一大突破是在去中心化交易所這裏。

過往 DEX 的思路是把 CEX 的訂單簿模式直接搬到鏈上，雖然可以實現區塊鏈的自主管理資產、無 KYC/AML 等特徵，但是忽略了三個問題：1) 這種機制和 CEX 相比毫無優勢，因為訂單簿的速度無法趕上中心化訂單交易中心，沒有辦法及時發現價格；2) 就以太坊目前的架構，交易速度也極慢；3) 創建訂單還需要付 gas 費（不成交也不會退回）。基本上，DEX 只能作為 CEX 的 copycat 的角色出現。

（1）AMM、流動性挖礦和項目啟動機制緊密結合

DEX 的優勢其實在於快速獲得公開市場流動性，而如果要在 CEX 上 listing，則需要經過漫長的程序以及巨大開銷（至少以前是這樣）。可以說 CEX 的模式決定了項目方不可能以去中心化的小團隊或者社區模式運作，一整套融資、發開、上幣、造市流程沒有團隊去做冷啟動是非常難以完成的。

DEX 正好可以和社區發幣的模式相對應（現在開始慢慢規範化），一個 DeFi 項目的代幣，沒有甚麼強力的團隊去運作，難以打通 CEX，但是可以很快在 DEX 上實現交易，這是 CEX 沒有辦法的。

此外就是 DEX 訂單簿模式的冷啟動是非常複雜的，要求造市團隊既要懂 market making，還要懂區塊鏈、智能合約、錢包互動等……但是 AMM 就解決了這個冷啟動的問題，只需要提供 LP token 就可以，普通人就可以參與造市，大幅降低了門檻。加上激

勵層（流動性挖礦）的話，一下解決上幣、冷啟動、交易滑點等一系列問題（至少是部分解決），收到了意想不到的效果。

圖 10：從功能角度理解 DeFi 崛起

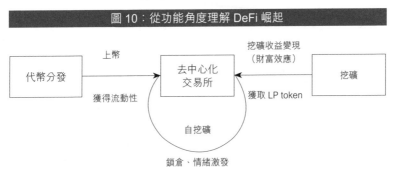

資料來源：HashKey Capital 整理

（2）AMM 的價格發現機制仍弱於中心化交易所

當然 AMM 有很多問題，我們把常見的 AMM 和訂單簿模式的比較放在這裏：

AMM 最大的問題就是無常損失，因為 AMM 並非主動去提供訂單，而單純提供一個池子。中心化訂單簿有 maker 和 taker，基於一定的市場價格去提供流動性，自發做了預言機所做的事情，中心化交易所本質上是一個訂單簿的排序和匹配池，價格由訂單發起人自行決定。

而 AMM 如流行的恆定乘積造市商（CPMM），價格由代幣之間的數量決定，即 X*Y 的恆定乘積確定 ΔX 可以換回 ΔY，那交易換回來之後就知道對應的價格是多少了，交易前 AMM 提供的價格估算是根據 ΔX 和 ΔY 的比例換算出來。

因此 AMM 發現的真實價格一定是交易後才可以看到，而不是像中心化訂單簿通過 maker 和 taker 自發地去形成市場價格。套利者便利用這一點去獲利，造成了無常損失。但是目前有些

AMM 已經開始引入預言機機制去提供價格，只是其報價頻率需要和交易頻率匹配，無法像訂單自動去調整價格。

7.2.2 借貸 —— 提供了流動性、槓桿機制和收益放大器

借貸是最早出現的 DeFi，以 MakerDAO 為代表，後期則上線了 Compound、Aave、bZx 等。Compound 的流動性挖礦點燃了整個社區，成為 DeFi 行業的先驅。

借貸的起量其實也是和交易以及流動性挖礦有關：

- 本身借貸平台就可以進行挖礦，如 Compound、bZx 等；
- 借貸平台提供一種加槓桿的工具，可以以一種資產換取另一種可挖礦資產，或者連續借貸進行流動性挖礦。因為挖礦收益較高，可以完全覆蓋借款成本，借貸平台成為了一種收益放大器；
- 如果可以進行信用借貸（如 Aave），則槓桿效果更大。

但是以上起量都有一個前提，就是整個挖礦遊戲的終點 —— 流動性挖礦的收益率要相對穩定。現在的行業在不斷地把遊戲往前延伸（續命），雖然不知道可以延伸到哪裏，包括中心化交易所開始扛過大旗，但已經略顯吃力。

透過流動挖礦，能夠激活借貸協議的產品能力。這可增加幣種、增加借貸功能（信用）、流動性挖礦進行用戶補貼，獲得了一批真實的用戶，進行用戶教育並留下了可用的產品。

也有一些借貸協議試圖引入中心化的方法，即使用真實的身份信息（如銀行、電信）等進行信用借貸，如 Teller。這也可以看作是傳統中心化借貸把產品改成了數字貨幣。

7.2.3 保險 —— 潛力大但產品粗糙

去中心化保險是 DeFi 最有新意的機制，和其他類型相比，還處於早期階段。我們早前討論過保險機制，傳統保險裏面是以股份保險公司的這種形式為主流（50%-70%），互助和相互保險為次要形式，但是佔比也不低，約佔全球市場的 27% 左右。互助和相互保險在美國和歐洲尤其發達，均超過了 30%，日本超過 40%，中國的佔比則非常小。

相互保險公司對比股份制保險公司的優勢在於：股份制保險公司涉及三方利益，即管理人、保單持有人和股東。保單持有人和股東在某種意義上利益是相反的，即多賠給保單持有人 1 元，股東利益就少 1 元。但是通過制衡機制得到緩解，即如果保險公司明顯偏向股東，則投保數量會大為減少，影響長遠利益。

相互保險則只有管理人和保單持有人雙方，保單持有人投入一個池子，所有的賠償由這個池子出資，不涉及股東，大為簡化。因此，相互保險和區塊鏈的性質在某些情況下相似，如區塊鏈項目也只分成團隊和一般 Token 持有人兩類。

7.2.4 衍生品 —— 合成產品賽道具多方優勢

（1）比傳統金融優勝

我們認為 DeFi 的衍生品當中，合成產品系列可以與 CeFi 做出差異化。合成產品是一類特殊的產品（當然會被認為是衍生產品），但在傳統金融領域已實現了，在公開市場通過 CFD（價差平台）進行了大量的交易，在非公開市場通過投行也進行了大量的定制化服務，並非全新的東西。

傳統 CFD 平台的風險主要是是交易對手風險，通過 CFD 平

台並不能真正持有對應資產，平台只於中間作對沖，實際上是用戶和平台之間做對手方。

如果採用 DeFi，可減低對手方風險，並由 DeFi 和區塊鏈機制決定。以 Synthetix 為例，由於所有產品都是基於用戶抵押平台原生代幣去完成，要使得合成資產風險可控，需要超額抵押（750%），合成資產鑄造者會獲得該資產交易的手續費用，並且要保持該抵押比率才可以申領費用分成，而增加合成產品及交易量是平台的成功要素，所以減低平台作惡動機。此外，目前 CFD 平台還需要一套傳統的 KYC 流程，DeFi 合成資產平台的參與過程則更流暢。

（2）永續合約利潤空間最大

另一個 DeFi 衍生品的趨勢是市場開始瞄準永續期貨合約。此前鏈聞曾經總結，六大 DEX 平台推出去中心化永續合約產品，就是因為看到 CEX 裏，合約交易的發展速度非常快，即將超過現貨交易。312 時候 BitMEX 伺服器宕機的問題，也看到一些 DeFi 智能合約的清算問題，永續合約的 DEX 還沒受過這類考驗。基於目前的以太坊架構，性能可能還不夠好。

其他高性能公鏈的 DEX 也在慢慢參與，這非常有意思，像 Cosmos、Polkadot、Solana 上的產品，是很有力的競爭對手，也會激發跨鏈交易賽道。

衍生品肯定是 CEX 利潤最大的一塊，CEX 不會放鬆對產品、市場份額、機制設計的追求，等於 DEX 的衍生品碰到了最難競爭的對手。但也未必能設計出「類似」流動性挖礦的機制，那需要更多的奇思妙想和機遇，不然可能會走向訂單簿的 DEX 與現貨交易所 CEX 競爭的類似格局。

整體而言，DeFi 市場具備幾個子類別的長期潛力，特別看好自動化造市商、合成產品、去中心化保險等方向。流動性挖礦一時帶熱了行業但也會產生一些問題，除了代幣創新機制外，未來也會留下一些有價值的商業模式。DeFi 代幣的收益特性和其他小型 Altcoin 有較大的相似性，表明仍是早期區塊鏈項目的特徵，其 alpha 收益部分預計與去中心化程度、估值、長期挖礦收益及項目基本面有較大關係。

7.2.5 資產管理

自 DeFi 蓬勃發展以來，市場見證了各類 DeFi 協議的發展，如 AMM、借貸、衍生品、合成資產等，各個賽道均有發力和代表性項目。資產管理作為傳統金融一個大類產品，其去中心化的形式則沒有跟隨整個 DeFi 的發展步驟。去中心化的資產管理已經初步具備了較完備模式，隨着資產類型的增加，去中心化資管具有極大增長潛力。

然而，為甚麼需要去中心化的資產管理？

（1）讓普通人可參與超額收益遊戲

管理金融資產，特別是流動性較好、波動較大的資產是一個相對費時費力的工作，無論是傳統資產還是加密資產。就個人而言，由於缺乏投資和風控能力，就收益角度來看還是難以跑贏專業管理人，這也是傳統資產管理誕生的原因。除了公募基金，傳統資管的入門門檻較高，去中心化資管提供了一個社區參與的模式，降低了門檻，也適用於 crypto 特性。

在形成一定規模後，資產管理開始佔據信息和資源兩類優勢。這麼多年來，crypto 創造超額收益的主要模式仍然是依靠信息差，以及基於信息差進行的資金博弈。資產管理的模式在於讓散戶有

更多機會參與信息差遊戲。Crypto 裏面存在信息差有兩個方面：一方面是社區的圈層造成的，信息在公開和私人渠道的傳遞有很大差別。另一方面是海量信息堆疊造成，篩選信息成了複雜事情。對於 BTC 這類大資產，機構和散戶能接觸到的信息差別反而不大，超額收益就小；而小資產的超額收益就大，因為具有信息差的保護。因此，管理小資產是資產管理的優勢所在。

（2）去中心化資產管理還是藍海

去中心化資產管理仍處於藍海階段，原因在於認識到資產管理必要性的人還是比較少：

- 超額收益神話在圈內仍然不少，多數人相信自己的能力可以戰勝市場。大部分人跑不過市場，更跑不過比特幣。市場整體來說還是博弈階段，博弈狀態就是個人難以戰勝機構，無論中心化還是去中心化，隨着比特幣市值愈來愈大，持幣收益卻已經開始變小，而 Altcoin 的風險和收益則成正比。

- 更重要的一點是缺乏了解和信任。傳統資產管理依靠的是聲譽和業績，去中心化資管執行時間短，也有不透明、機制不靈活、缺乏 tracking record 的現實問題，相信隨着時間慢慢都會解決。

- 由於 DeFi 和 NFT 的發展，去中心化資產管理發展較快，創新能力較好，出現了多種傳統資管難以企及的模式。

（3）加密資產的投資難度飆升提供資管機會

除了資產的數量擴張外，另一個維度就是資產收益的複雜性程度變高。從比特幣到公鏈，再到 DeFi/NFT，複雜度呈現階梯狀上升，而以後會愈來愈複雜。各類千奇百怪的資產上鏈，加上可

組合性，創造出來的資產／收益是多種多樣的。

不同類型的協議創造了多種收益模式：

- 價格漲跌的收益
- 借貸收益
- Staking 收益
- LP 手續費收益
- 挖礦收益（LP 手續費和代幣獎勵）
- 套利收益
- 手續費用節省（隨着以太坊費用飆升）
- 以上幾種不同因素的配置收益（或機會成本）

隨着這些複雜多變的玩法出現，若是有可以解決收益問題的模式，應該是會有一定市場的。這裏無意討論傳統資產管理和去中心化資產管理的優劣，但僅就可投資範圍，傳統資產管理很難參與上述後幾種的收益模式，能夠買入 Altcoin 可能已經是傳統資管在 crypto 領域裏最大的可投資範圍了。去中心資產管理比較新銳，則有機會參與其中。

收益的類型愈複雜，去中心化管理的空間就愈大，2020 年 Yearn 的出現就是切入了這個市場。Yearn 的初期應用是比較收益率的策略，如用戶存入 DAI，會在不同的池子（如 AAVE 或 Compound）之間尋求最高的 DAI 收益率。隨着資金體量變大和出現流動性挖礦，Yearn 進入到機槍池階段，可以幫助用戶分配不同 DeFi 挖礦池收益，中間還會有更多主動操作（如參與挖礦、代幣的賣出和轉換），整個過程自動化，用戶可減少成本。由於流動性挖礦收益的一部分重要來源是代幣獎勵（而不是手續費收入），對於代幣獎勵的處理就變得重要，機槍池把這部分自動化，

讓客戶不用考慮中間過程，存入甚麼代幣就可以獲得該種代幣的獎勵。Vault 的策略由 Yearn 社羣投票決定，而由於 YFI 加入社區代幣，初期質押 yCRV 還可以獲得 YFI 獎勵。類似 Yearn 這類機槍池本身的出現，是為了解決多個協議間匹配的問題，加上本身的代幣分發，讓一個機槍池的收益呈現多維度的動態分佈。代幣在協議間移動有高額手續費，這也是一鍵操作的機槍池逐步被市場所接受的原因。

7.3　NFT —— 連接現實和虛擬世界的橋樑

7.3.1　甚麼是 NFT？

在區塊鏈領域，從可交換角度，代幣可分為同質化和非同質化兩種。

同質化代幣，即 FT（Fungible Token），以 ERC20 為基本標準，是互相可以替代、可接近無限拆分的 Token。但同質化代幣有局限性，現實生活中真正具有價值的事物往往是不可替代的，也無法進行無限拆分，具有唯一性的資產是無法用同質化代幣進行錨定的。

非同質化代幣，即 NFT（Non-Fungible Token），則是唯一的、不可拆分的 Token，例如 Token 化的遊戲道具、門票、藝術品等。NFT 以 ERC721 為標準，之後又出現了 ERC1155 協議，即每個 ID 代表的不是單一資產，而是資產的類別，允許一次批量創建多個代幣。

（1）熱度持續，但整體市值規模小

從 2017 年加密貓開始，NFT 市場已經存在了三年多的時間，目前市值排名前十的 NFT 代幣包括 THETA、CHZ、ENJ、MANA、FLOW 等。截至 2021 年 5 月初，NFT 總市值接近 280 億美金，2021 年第一季 NFT 交易金額超過 15 億美金，比上一季度增長約 26 倍，其中卡牌遊戲 NBA Top Shot、收藏項目 Crypto Punks 以及 NFT 交易平台 Opensea 佔七成以上。進入 2021 年後，NFT 的單價有持續上漲趨勢，下表展示了 NFT 的售價走勢。雖然 NFT 的市值目前正不斷增長，熱度持續，但它只佔全部加密市場市值的 1.2%，市值規模很小。NFT 市場還處在萌芽期，是一個小眾領域。

表 4：市值排名前十的 NFT 代幣		
排名	NFT 代幣	總市值（百萬美元）
1	Theta Network	7,767
2	Tezos	2,356
3	Chiliz	1,411
4	Enjin	1,059
5	Decentraland	741
6	BakerySwap	402
7	Ultra	398
8	Flow	388
9	ECOMI	330
10	Axie Infinity	205

資料來源：載於 Coingecko 網站的 NFT 代幣統計資料（2021 年 5 月閱覽）

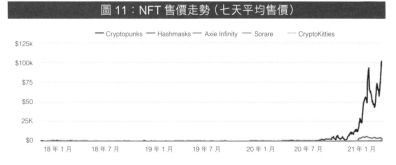

圖 11：NFT 售價走勢（七天平均售價）

資料來源：載於 The Block 網站的 NFT 售價走勢（2021 年 5 月閱覽）

（2）知名機構及名人參與投資

NFT 領域的一些項目比如 MEME、NBA Top Shot、Crypto Punk 等帶來的經濟效益巨大，表現優異，讓眾多參與者相信 NFT 會成為新的爆發板塊。此外，一些具影響力的名人也參與其中，藝術家 Beeple 的 NFT 拼貼畫作品〈Everydays: The First 5000 Days〉售價高達 6,935 萬美元，推特創始人 Jack Dorsey 第一條推文 NFT 成交價 290 萬美元。一些知名機構也相繼入局，包括漫威、美國國家籃球協會（NBA）、Louis Vuitton 等奢侈品品牌所有者 LVMH 也參與了 NFT 部署，機構的影響力將會有力推動 NFT 進一步增長。下表展示了 2021 年 NFT 的一些代表事件：

表 5：2021 年 NFT 代表事件	
日期	事件
2021.4.20	饒舌歌手 Snoop Dogg 與 Nyan Cat 合作發售 NFT
2021.4.19	希爾頓酒店繼承人、知名藝人 Paris Hilton 推出 NFT
2021.4.17	棱鏡門披露者、前美國情報人員斯諾登首個 NFT 作品以超過 500 萬美元拍賣
2021.4.14	格萊美獎得主 Ryan Tedder 將在 Origin 上發行 NFT

日期	事件
2021.4.9	世界摔跤娛樂公司 WWE 將發佈首批 NFT，為展示 The Undertaker 的精彩時刻
2021.4.7	麥當勞法國將推出基於其食品的 NFT 藝術作品
2021.4.7	拍賣行蘇富比將與藝術家 Pak 在 Nifty Gateway 上合作進行首場 NFT 拍賣
2021.4.5	Gucci 等奢侈品公司即將發售 NFT
2021.4.1	格萊美獲獎唱作人 The Weeknd 將在 Nifty Gateway 上發佈新歌和限量藝術作品
2021.3.29	孫宇晨創立「JUST NFT 基金」，專注 NFT 藝術品
2021.3.26	紐約時報專欄 NFT 以 350 ETH 成交
2021.3.21	Twitter CEO Jack Dorsey 首條推文以 290 萬美元成交
2021.3.18	美國滑板巨星 Tony Hawk 將與 Ethernity 合作發行 NFT
2021.3.11	超現實藝術家 Beeple 創作的 NFT 藝術作品〈Everydays: The First 5000 Days〉最終以 6,935 萬美元成交
2021.3.2	馬斯克妻子 Grimes 通過 Nifty Gateway 出售 580 萬美元的數字藝術品
2021.2.17	英國拍賣行佳士得首次進行基於區塊鏈的數字藝術品 NFT 拍賣
2021.2.8	林肯公園樂隊成員在 Zora 上發起 NFT 拍賣

資料來源：HashKey Capital 整理

7.3.2 落地應用場景

(1) 加密遊戲 —— NFT 主要應用之一

NFT 賦予了玩家真正的遊戲資產所有權，使遊戲玩家的資產交易去中介化，在多個遊戲中無縫轉移和使用。遊戲數據在鏈上得以安全儲存，同時遊戲代碼開源，玩家可以發揮創意創造遊戲規則。未來加密遊戲的去中心化程度會更徹底，也會有更多專屬遊戲開發優質公鏈。

◎ 發展歷史

自 2013 起，陸續有些融合比特幣的線上遊戲誕生，它是如今區塊鏈遊戲背後的靈感。2017 年年末，加密貓橫空出世，這普遍被認為是區塊鏈遊戲行業的開端，並一度造成以太坊交易堵塞，截至 2021 年 5 月 7 日，總交易額為 66,672.6 ETH，約 3,325 萬美金。在此後的兩年多時間，區塊鏈遊戲數量大幅增長，尤其是以以太坊等平台為代表，湧現一批現象級遊戲，但都只是曇花一現。

◎ 主要項目

下表梳理了區塊鏈遊戲領域中的一些主要項目和特點。

表 6：區塊鏈遊戲領域中的一些主要項目				
賽道	項目名稱	項目概覽	相關代幣	項目特點
遊戲	卡牌遊戲	Gods Unchained	類似「爐石傳說」和「上古卷軸」的加密回合制奇幻競技卡牌遊戲	競技卡牌 NFT
		Sorare	基於以太坊的虛擬足球遊戲，玩家可以購買不同的 NFT 球員卡，組建球隊及參加比賽	足球卡牌 NFT
		Cometh	以太空背景為題材的策略遊戲	太空主題卡牌 NFT

表格欄位：賽道｜項目名稱｜項目概覽｜相關代幣｜項目特點

Gods Unchained 項目特點：卡牌可在 Opensea 交易，不同卡牌有不同稀有度和價值

Sorare 項目特點：/

Cometh 項目特點：具有產生收益的 NFT，和 DeFi 結合，玩家可以採集、挖礦、收益耕作並從中獲取代幣收益

賽道	項目名稱	項目概覽	相關代幣	項目特點
	Skyweaver	玩家可以隨機獲得卡牌 NFT，參與競技，換取金卡	咒語卡牌、單位卡牌 NFT	玩家擁有足夠的卡牌之後，可以選擇使用卡牌來構建牌組，賺取和擁有以太坊支援的遊戲內的數字資產
	NBA Top Shot	由 Dapper Labs（Crypto Kitties 開發團隊）基於公鏈 Flow 開發，並獲得了 NBA 官方授權。記錄 NBA 球星的「精彩時刻」的數字卡牌可以在遊戲中使用，也可以在二級市場交易，支援信用卡和加密貨幣支付	NBA 球星卡牌 NFT	2021 年竄紅，交易量超過 CryptoKitties
虛擬資產	The Sandbox	基於以太坊的去中心化遊戲平台，玩家可以通過代幣創造自己的虛擬世界，如土地、房產等	玩家可以利用代幣 SAND 賺取資產，將資產或經驗 Token 化，在社區中投票，從遊戲中獲利	/
	Decentraland	基於以太坊的去中心化 VR 平台，用戶可以自由創建環境和場景	代幣 MANA 可以用來購買 LAND（平台上的可流通 3D 虛擬空間），是平台的溝通媒介	/

賽道	項目名稱	項目概覽	相關代幣	項目特點
收藏遊戲	Somnium Space VR	跨平台的社交 VR 世界，用戶可以購買土地或導入對象，塑造虛擬宇宙	代幣 CUBE 用於平台內的微交易，如支付購買物品的費用等	玩家可以自由將購買的 NFT 資產放置在其 Somnium 土地上，並進行探索
	Cryptovoxels	類似於「我的世界」，完全開放免費沙盒遊戲	虛擬資產 NFT	玩家沒有目標任務，用戶可以自由發揮創建內容
	My Crypto Heroes	有關歷史人物、軍隊的虛擬戰鬥遊戲	虛擬角色、虛擬資產 NFT	在日本採用了 Loom Network 技術，能夠有效改善網絡延遲，同時無需錢包軟件也可登錄，較為便利
	Axie Infinity	收集、飼養古怪小生物的遊戲	古怪生物玩偶 NFT	寵物除了收集屬性，也有戰鬥屬性，是最早能夠戰鬥的 NFT 寵物之一
	CryptoKitties	首個建立在區塊鏈技術上的寵物收集遊戲，玩家可以購買、出售不同加密貓，不同貓具有不同的價值和稀有度	加密貓 NFT	/

資料來源：HashKey Capital 整理

◎ 特色項目 —— NBA Top Shot

（i）市場概況

· **總交易額排名第一：**NBA Top Shot 集卡遊戲在 2021 年迅

速竄紅，NBA Top Shot 的成交額現已接近 6 億美元，於
加密收藏品排名第一，共有近 470 萬個參與收藏的錢包地
址。其中平台上洛杉磯湖人隊著名球星 LeBron James 經
典扣籃鏡頭的數字收藏卡以 7.14 萬美元價格售出，成為
目前為止售價最高的卡片。

排名	產品	銷量（美元）	交易量
	表 7：NFT 收藏類項目交易額排名		
1	NBA Top Shot	569,541,570	4,727,220
2	CryptoPunks	308,143,509	13,156
3	Hashmasks	49,588,768	11,277
4	Meebits	42,722,129	2,361
5	Sorare	39,147,360	222,296
6	CryptoKitties	33,220,710	762,473
7	Axie Infinity	19,532,731	171,288
8	Art Blocks	18,657,631	10,810
9	Alien Worlds	16,156,880	2,053,046
10	Bored Ape Yacht Club	10,968,923	5,412

資料來源：載於 Cryptoslam 網站的 NFT 售價走勢（2021 年 6 月閱覽）

- **基於 Flow 區塊鏈開發：** 與大多數基於以太坊和 WAX 的
  NFT 項目不同，NBA Top Shot 基於 Flow 區塊鏈開發，
  Flow 是 CryptoKitties 的開發團隊 Dapper Labs 開發的公
  鏈，在不分片的情況下實現擴容。節點不再參與整個交易
  的驗證過程，節點之間存在分工，僅僅參與收集、共識、
  執行、驗證的其中一個環節，因此速度大幅提升，輸送量
  提高。Flow 社區內擁有大量強大 IP，著名 NFT 交易所

Opensea 在 2021 年 2 月 24 日加入 Flow 生態。

(ii) NFT 球星卡較傳統球星卡的優勢

- **表現形式更為豐富：**除了傳統球星卡上的球星圖片和基本信息介紹的文字以外，NFT 球星卡還有短視頻或 GIF 動圖的形式，記錄 NBA 球星的「精彩時刻」，NFT 球星卡表現形式更多元，更具有吸引力、趣味性，投資和收藏價值更高。

- **儲存難度低：**卡片隨着時間流逝，在保存過程中可能出現氧化、變色、破損等問題，球星親筆簽名卡的墨水也可能褪色。NFT 球星卡作為資產上鏈後，不會出現實體球星卡的儲存或運輸問題，NFT 資產可以儲存在錢包中，成本幾乎為零。

- **山寨卡風險低：**傳統球星卡交易市場是不受監管的，官方發售卡片後，個人之間的二級市場交易很有可能出現山寨卡，玩家判斷失誤就可能會高價買入成本十分低廉的偽造品。借助智能合約，可以追蹤 NFT 球星卡的出處，以及每一個持有或轉讓它的地址。每張卡牌都是獨一無二、不可複製的，信息也無法被篡改，出現假卡的機率很低。

（2）加密藝術 —— 與 NFT 最契合的應用

◎ 傳統數字藝術品的交易弊端

除了藝術品本身具有上鏈條件外，傳統藝術品交易的弊端也是推動加密藝術產生的重要原因。傳統藝術品有以下兩點弊端：

(i) 作品流動性差

在傳統藝術品市場中，交易場所主要是畫廊、拍賣行等，創作者經過中間商在畫廊或者拍賣行中展出作品，買家付款後，便可以用 USB 複製藝術品。這種交易模式的弊端是顯而易見的：作

品曝光率低,受時間、地域、人羣限制大,變現能力和普及度低,流動性差。

(ii) 創作者無法擁有真正的版權

買家從創作者手中得到作品後,可以複製一份相同的作品繼續放到二級市場上交易,藝術作品的稀缺性在不斷的複製傳播中降低,收藏品的價值下降。與初次銷售收入相比較,二次銷售轉賣升值的經濟效益是客觀的。這些年來,原創者們不斷在爭取二次銷售的版稅(即「追續權」),1920 年法國首先引入「追續權」概念,追續稅率通常很低,藝術家於法國可以得到轉售價 3% 的分紅,遵循歐盟 2001 年發出的《藝術作品作者追續權保護指令》的國家,藝術家在轉售中可以獲得 4% 的收益。在美國,1976 年加州立法承認追續權,1991 年、2011 年國會關於追續權制度都曾向公眾徵求意見,但都沒有通過,加州追續權法案於 2012 年被廢止。除了立法不夠完善之外,執法的難度也很大,法律成本較高。

◎ 主要項目

下表梳理了 NFT 在加密藝術領域的主要項目以及各項目的特點:

表 8:NFT 在加密藝術領域的主要項目				
賽道	項目名稱	項目概覽	相關代幣	項目特點
收藏藝術 藝術品市場	SuperRare	成立於 2017 年,NFT 主要藝術品市場	未發幣	收藏家、藝術家、評論家可以互動,有強大的社交屬性;藝術家必須申請才可以在該平台上出售作品;通過智能合約,藝術家將在轉售中得到版稅

賽道	項目名稱	項目概覽	相關代幣	項目特點
	Rarible	2020 年初推出的鑄造、交易加密藝術品平台	RARI：主要作為治理代幣，持有代幣可以投票支持藝術品或參與平台管理	第一個實施代幣社區治理的 NFT 交易市場
	Async Art	藝術家可以在一件藝術作品中鑄造多個 NFT	未發幣	NFT 是動態的，可以隨時改變狀態；可以通過修改 layer，創造自主藝術作品
	Makersplace	為藝術家和創作者提供全方位服務的平台	未發幣	每個數字創作都是由創作者簽名和發行的，即使有人複製，也不會得到正版簽名
	Nifty Gateway	2020 年初推出，在 NFT 藝術品交易市場上地位愈發重要	未發幣	Gemini 的全資子公司，Gemini 是 Winklevoss 兄弟創立的虛擬貨幣交易所
	KnownOrigin	鑄造、交易 NFT 藝術品平台	未發幣	藝術家可以自行決定定價模型，或者向新用戶贈送 NFT
	Cargo	新興 NFT 藝術品交易市場	未發幣	/
	Blockparty	新興 NFT 藝術品交易市場	未發幣	/
收藏品	CryptoWine	用戶可以參與 Grap 挖礦，獲得 NFT 收藏品	GRAP：流動性挖礦代幣；酒瓶收藏品 NFT 代幣	用戶質押 GRAP 代幣後會得到釀酒分數，玩家可以獲得 Crypto Wine 藏品，進行交易或收藏

賽道	項目名稱	項目概覽	相關代幣	項目特點
藝術家	Cryptopunks	2017 年問世，是在以太坊發行的首批 NFT，是 10,000 枚不同的像素頭像	像素頭像 NFT 代幣	首個 NFT 產品，引領 NFT 潮流
	Avastars	是不同表情和形象的虛擬人偶	虛擬人偶 NFT	/
	Hashmask	總供應量為 16,384 枚的肖像 NFT，採用盲盒拍賣方式啟動，參與拍賣的用戶在 14 天後可通過隨機演算法方式獲得肖像 NFT	個人肖像 NFT	繼 NBA Top Shot 後又一熱門項目，玩家可以自行命名作品
	Hackatao	加密藝術平台著名藝術家，主要作品是抽象人偶	MORK：社區代幣，主要用於激勵社區成員購買 NFT	/
	Matt Kane	芝加哥藝術家，善用代碼和數據等表現形式的算法藝術家	抽象人物 NFT	設計了自訂軟件，結合算法，逐層構建繪圖
	Francesco Mai	3D 數字藝術家	3D 藝術品 NFT	/
	Frenetik Void	善於表現科幻小說場景的藝術家	科幻主題畫作 NFT	/
	Totemical	描繪賽博朋克、神奇人類形態、自然與城市景觀的加密藝術家	畫作 NFT	/
鑄幣工具	ethArt	鑄造 NFT 藝術品的工具，通過使用為 DFOhub 定制的代碼，實現無手續費鑄幣	ARTE	用戶無需掌握程式設計知識即可操作

賽道	項目名稱	項目概覽	相關代幣	項目特點
實體商品	WiV	/	紅酒 NFT	/
	Icecap Diamonds	/	鑽石 NFT	/
	Crypto Stamp	/	郵票 NFT	/

資料來源：HashKey Capital 整理

（3）社交代幣 ── NFT 未來最有潛力的增量市場之一

我們認為社交代幣集中體現了 Web 3.0 點對點傳輸的內涵，有助減少創作者對中心化平台的依賴，增加創作作品的流通性和變現能力，也可以真正實現創作者和權益綁定。相比實物資產上鏈，這類互聯網社區中的原生資產的價值捕獲將會更高。目前人們還只是觸及了社交代幣的淺層潛力，它未來可能成為 NFT 最有潛力的增量市場之一。

◎ 社交代幣分類

社交代幣（social tokens）是一種由個人聲譽、品牌或社區支持的代幣，是 NFT 領域中一個較新的應用，建立在社區價值會不斷提高的前提之上。社交代幣大致分為兩類：個人代幣和社區代幣。

（i）個人代幣

由個人創建，會隨着個人價值的增長而升值，但捕獲價值有限，受個人品牌影響大，創作者可以通過發幣來管理自己創建的社區。

（ii）社區代幣

通常用於進入有特定成員資格才可進入的社區，比如必須擁有該社區創建者發行的代幣，才可以進入特定的 telegram 討

論羣組,獲得資訊或服務等等。同時,這些社區也會通過發放代幣鼓勵人們對社區作出貢獻,社區代幣大多是去中心化自治組織(DAO)的治理代幣,社區通常比個人成就更廣,增長潛力更大。

下表展示了兩類社交代幣的主要項目以及其代幣價值:

表 9:兩類社交代幣的主要項目			
	代幣名稱	簡介	代幣持有者可獲得增量價值
個人代幣	RAC	格萊美藝術家 OurZora 發行的個人代幣	1. 可以進入早期粉絲羣組,擁有成員身份 2. 擁有折扣或優先參加活動的機會 3. 有支持早期創作者的潛在回報
	Rally	個人創作者在 Rally 平台上發行的代幣,也是平台治理代幣	
	Roll	使用 Roll 平台發行的 ERC-20 個人代幣	
社區代幣	Whale	社區治理代幣(DAO)	1. 有個人代幣權益 2. 擁有 DAO 社區治理權力 3. 擁有出租或銷售社區內資產所帶來的收益
	PSG	巴黎聖日耳曼球隊在 Chiliz Fan 發行的代幣	
	Chiliz	Socios 投票平台原生代幣,目前和尤文圖斯等 10 家頂尖足球俱樂部已達成合作協議	
	GG	GEN.G 反恐電競團隊的社區代幣	

資料來源:根據載於 Messari 網站上的文章整理

◎ 社交代幣價值

(i)增加創意作品變現能力

互聯網為創作者們提供分享作品的平台,但是創作者作品的商業化能力、作品共用、傳播能力、增值都是空間有限的,即創作者的作品變現能力不足。但 Web 3.0 的出現有望解決這些問題,創作者可以在社區內通過發放社交代幣,讓支持者共用所喜愛的作品,從而提高流動性,達到作品增值的目的,而且創作者可以

根據社區內用戶的活躍度及貢獻度劃分層級，並享受代幣化權益。

（ii）創作者與權益綁定

創作者可以利用社交代幣，允許粉絲訪問其社交平台的作品，粉絲不用再依賴平台支持創作者和喜愛的作品，這種方式通過代幣化工具統一對創作者支持。創作者可享有作品增值空間的全部利潤，實現創作者和權益的綁定，這也體現了 Web 3.0 的點對點生態系統的核心內涵。

◎ 生態環境

如今的社交代幣不僅價值提高，其生態也在快速崛起，下表顯示了社交代幣生態的主要構成部分：

表 10：社交代幣生態的主要構成部分		
代幣發行平台	代幣創建加速器	管理工具
Roll rally meTokens ZORA	SEED CLUB KERNEL FOREFRONT	COLLABLAND OUTPOST SourceCred

資料來源：根據載於 Messari 網站上的文章整理

代幣發行平台：提供代幣發行者鑄造和發行社交代幣的平台。

代幣創建加速器：主要作用為孵化社交代幣，比如幫助創作者設計代幣模型、創造代幣標準等。

管理工具：主要用於社區的治理，主要功能包括羣組驗證、身份驗證、投票、提案、發起 DAO、空投、打賞、銷售資產、收益耕種等。

（4）其他應用

除了在加密遊戲、加密藝術以及社交代幣中應用，NFT 在其他賽道也有頗多令人興奮的項目，下表梳理了 NFT 其他賽道的一些代表項目：

表 11：NFT 其他代表性項目				
賽道	項目名稱	項目概覽	相關代幣	項目特點
其他	Opensea	用戶可以自由交易 NFT，查閱歷史數據	未發幣	最大的 NFT 交易所，幾乎所有 NFT 資產都在 Opensea 上交易，社區活躍且強大
	Mintbase	自由買賣 NFT 資產的交易平台	未發幣	提供不常見的小眾 NFT 資產，例如音樂、門票、攝影作品等
	TokenTrove	用戶可以交易 Gods Unchained、Cryptovoxels 和 Crypto Space Commander NFT	未發幣	/
	Nonfungbile	NFT 最主要數據平台之一	未發幣	數據齊全，是查詢與 NFT 內容相關數據的最佳地點
	NFTBank	NFT 投資組合跟蹤和數據分析平台	未發幣	/
	Ethereum Name Service (ENS)	ENS 將可讀的名稱映射到區塊鏈和非區塊鏈資源機器可以辨識的標識，如 Ethereum 地址等	域名 NFT	ENS 域名可以在二級市場上買賣
	Unstoppable Domains	用戶可以將一個可讀的地址替換成加密地址，並且可以不被追蹤審查	域名 NFT 代幣	/

（表格左側縱向分類欄：綜合性交易所、數據庫、去中心化域名）

賽道	項目名稱	項目概覽	相關代幣	項目特點
DEFI*NFT	MEME	MEME 代幣持有者可以通過質押其代幣賺取鳳梨點數，作為回報，用戶可兌換稀有的 NFT 收藏卡	MEME：提供流動性挖礦	用戶執行工作量證明（POW）來獲得 NFT 收藏卡
DEFI*NFT	Aavegotchi	基於以太坊構建的宇宙區塊鏈遊戲，由 DeFi 主導的 Aave 提供技術支援	GHST：用於社區治理，允許玩家參加 DAO，用戶也可以用代幣購買道具和裝備。每一個 Aavegotchi 幽靈均為一枚 ERC721 NFT 代幣。	將 DeFi 遊戲化，用戶可以參與 DeFi 代幣抵押獲得收益，以及稀有性挖礦
DEFI*NFT	DEGO.finance	NFT 和 DeFi 的聚合器，DEGO 生態中，各個 DeFi 協議的要素重新組合，形成了一個新的系統	DEGO：用於社區治理，用戶可以參與社區提案和投票決策，並獲得紅利	為用戶提供更多元的投資組合，Dapp 內容包括流動性挖礦、NFT 鑄造等
項目啟動平台	Cocos-BCX	致力為開發者創造低門檻、高速的區塊鏈基礎設施和鏈上生態環境，用戶擁有遊戲資產所有權	COCOS：平台治理代幣，用於社區投票、社區決策、社區獎勵等	/
項目啟動平台	Flow	CryptoKitties 的開發團隊 Dapper Labs 在開發的公鏈，專注於遊戲等 NFT 資產運行和開發平台，於 2021 年 2 月將 Opensea 納入生態系統	Flow：平台治理代幣；目前已在火幣和 Kraken 上線	有自己的錢包，和以太坊相比手續費低、速度快、輸送量大，爆款項目 NBA Top Shot 是基於 Flow 研發

賽道	項目名稱	項目概覽	相關代幣	項目特點
	WAX	專注 NFT 虛擬物品製作、交易的公鏈，基於 EOS，其後自立門戶	WAX：社區治理代幣，代幣持有者可參與社區投票，決定流動性池子資金比例、手續費等等	用戶不需要創建錢包，依靠虛擬物品交易市場 OPSkins，遊戲領域流量和資源豐富，是 NFT 中表現出色的公鏈
	Enjin	成立於 2009 年，基於以太坊的遊戲開發平台，推出至今已超過 10 年，生態系統完善，Enjin 錢包可以儲存道具，用戶可以自行設計遊戲討論區	ENJ：玩家可以通過鎖倉 ENJ，鑄造 NFT 資產，ENJ 在 NFT 資產銷毀後自動解鎖，玩家也可以在遊戲中賺取代幣	/
金融	yinsure. finance	YFI 的分佈式保險項目，這類保單除了自行持有外，還能夠在 NFT 市場交易或者參與挖礦，獲取收益	代幣化保單：yInsureNFT	/
	NFTfi	用戶通過抵押 NFT 資產來獲得 ETH 或 DAI 貸款，提供 DAI 或 ETH 貸款的用戶可以獲得收益	貸款票據憑證：NFTfi Promissory Note	第一個 NFT 抵押貸款平台
	NIFTEX	自助式 NFT 流動性解決方案，用戶可將一個 NFT 拆分成無數碎片，這些 NFT 代幣碎片可在公開市場上交易，流動性從而提高	碎片代幣：用戶按照碎片代幣持有量參與社區治理 DAO	社區治理權被分散，去中心化程度提高；降低用戶收藏門檻；提高資產流動性

賽道	項目名稱	項目概覽	相關代幣	項目特點
內容創作	Zima Red Newsletter	NFT 主題相關報紙	未發幣	/
	Defi Arts Intelligencer			
	Play To Earn			
	NonFunGerbils Podcast	NFT 主題相關播客	未發幣	/
	Matthew and Rizzle Show			
	Blockchain Gaming World			
	Blockchain Gaming World	NFT 主題相關視頻	未發幣	/
	DCL Blogger / Short-form Twitter video			
	NFT Anorak			

資料來源：HashKey Capital 整理

7.3.3　與現實世界平行的虛擬世界 —— Metaverse

（1）甚麼是 Metaverse？

Metaverse 中文是元宇宙，1992 年 Neal Stephenson 在其科幻小說《雪崩》中首次提出這個概念，meta 指的是「總體」，verse 指的是「宇宙」。Metaverse 是一個與現實世界平行，並與現實世界交互的虛擬世界，在這個虛擬世界裏面有新的人物角色、貨幣、資產、社交方式和社會形態，既獨立於現實世界，又與現實世界互補。在廣義上，關於 AI、AR、VR、MR、雲遊戲等要素都可以算作 Metaverse 範疇。籠統地說，定義 Metaverse 的關鍵字包

括虛擬世界、身份、社交、浸入式、經濟、生態、文明等。

電影《挑戰者 1 號》中描述了一個類似 Metaverse 的空間，電影中人們只要戴上 VR 設備，就可以進入虛擬世界「綠洲」，「綠洲」中有和現實世界相似的繁華建築和都市，又有來自不同次元的玩家和超級英雄。在「綠洲」中，人們可以自由社交、競爭，有獨立的社會形態和經濟。另一個例子可以參考美國藝電公司在 2000 年發行的電子遊戲《模擬人生》，這是一款開放式沙盒遊戲，遊戲中的人們沒有明確的任務，玩家需要控制遊戲中的虛擬市民，與其他市民聯繫、建造房屋、參與活動等等。再比如遊戲《第二人生》，其構建的世界是開放式的，遊戲中一些物品的價格甚至與美元錨定，城市規模和功能也與現實生活相聯繫，遊戲中也有一些現實世界中的 IP 或公司進行產品宣傳。雖然目前來看，遊戲是與 Metaverse 最契合的方向，但其他領域也可以看到 Metaverse 的雛形，比如數字孿生城市、數字孿生購物中心等。

（2）Metaverse 進入大眾視野的原因

Metaverse 近年來進入大眾視野的原因主要有三個：

- **相關技術發展逐漸成熟：** VR、MR、AR、AI、虛擬化技術、視覺渲染技術等等近年都取得了可觀的發展，可以作為 Metaverse 的基建，為其發展提供足夠的基礎設施支援。以 VR 和 AI 為例，VR 指的是虛擬技術，是一種高科技模擬系統，讓玩家獲得沉浸式體驗，VR 在 Metaverse 中的意義重大，玩家可以無延遲地有身臨其境之感，獲得比現實世界中更有趣、更多元的體驗。AI 指的是人工智能，通過醫學、機器人學等使得機器展現人類智慧，預計未來人類的很多職業將會被人工智能取代，AI 技術在 Metaverse 的內容創造方面有很大貢獻。

- **有一定的商業化落地可行性：**當今新型社交媒體（比如遊戲、視頻、直播等流媒體）的興起及電商的成熟發展、分佈式技術、區塊鏈技術、分佈式商業、各類遠端技術的落地，都為 Metaverse 的商業化帶來了可能性，人類的各種經濟活動日漸減少面對面進行，「線上社會」有望落地。

- **疫情的推動作用：**自 2019 年年底，新冠肺炎在全球範圍蔓延，由於社交距離和各類社交限制，人們在現實世界中難以滿足的社交慾望需要在虛擬世界中實現，疫情對 Metaverse 的落地起到了推動作用，也加速了人類的數字化進程。

（3） NFT 如何賦能 Metaverse

區塊鏈技術有着分佈式、去中心化、可追溯、可確認所有權，利用智能合約節約人力、成本等諸多優勢。在遊戲方面，傳統遊戲的遊戲資產所有權屬於開發商，玩家僅擁有使用權，而在加密遊戲中，通過智能合約，用戶可以真正擁有遊戲資產的所有權。此外，區塊鏈遊戲中，黑客難以入侵分佈式賬本，遊戲數據可以被安全保存。最後，區塊鏈遊戲的代碼是開源的，玩家可以自由創新，讓遊戲的趣味性更強。

而 NFT 與 FT 相比，每一個 Token 都是獨一無二的，其商品屬性大於貨幣屬性，這一特性與 Metaverse 虛擬世界天然契合，虛擬世界中的道具、人物、資產等大多數是非同質化的，且需要確權，新的 ERC1155 協議所代表的批量鑄造多個 NFT，在 Metaverse 中的用處也很大。

因此，Metaverse 虛擬世界勢必要用到區塊鏈技術和 NFT，而 NFT 遊戲是其中的先行軍，代表項目包括 Whale 的領軍人物 Whaleshark 投資購買過虛擬房產的 Cryptovoxels 及 The Sandbox、

代幣 MANA 一年飆升 50 倍的 Decentraland，以及熱門 NFT 遊戲
Axie Infinity 和 Somnium Space。其中 Decentraland 與運動品牌阿
迪達斯（Adidas）聯合舉辦了一場虛擬時裝秀，所有物品以 NFT
形式拍賣。

（4）Metaverse 可以為人類帶來甚麼改變？

- **升級人類的社交形式**：在 Metaverse 中，人們可以獲得與
  現實世界完全不同的體驗，元宇宙一定程度上顛覆了人
  類的社交方式。想像一下，在 Metaverse 中，玩家可以
  360°欣賞 Beeple 的畫、看 Apple 發佈會、欣賞時裝秀，
  以及裏面有感情的 AI 人物隨機偶然地成為朋友。在這個
  虛擬世界中，可以購買虛擬房地產，而且有貴族街區。
  Metaverse 吸引人類的地方不僅限於技術上的改造，而在
  於改善人們的社交體驗，升級了社交方式，未來愈來愈多
  人將會在元宇宙中相見。

- **創建新的融資方式**：Metaverse 中玩家的獲利方式和傳統
  世界既有聯繫，也有創新，主要包括拍賣虛擬世界中的土
  地、稀缺物品、珍貴房地產等遊戲資產、參與活動以獲得
  獎勵、投資平台幣獲利等。以精靈 NFT 遊戲 Axie Infinity
  為例，玩家在遊戲內有多種獲利方式：購買 Axie NFT
  小精靈用於買賣交易、戰鬥或繁殖，以獲得 SLP（Small
  Love Potions）代幣獎勵；購買土地用於自主開發後，提供
  各類服務獲利；購買特定部署於土地上的功能性物品，升
  級功能並且獲利；投資 Axie Infinity Shards（AXS）遊戲治
  理代幣獲利。

- **內容創造者是用戶而非開發商**：在元宇宙中，與傳統世界
  不同的是，人們的目的不是按照開發商既定的規則去完成

任務、贏得遊戲，而是自由探索、自行創造虛擬世界中的內容。元宇宙的活動大多是以人為中心，而不一定圍繞特別活動作規劃，這一點就像視頻平台 Youtube，人們可以在不知道自己想看甚麼視頻的情況下到平台瀏覽，也可以自行創造視頻上傳，而不是被動接受視頻平台提供的日程表和內容。未來的 Metaverse 中的內容將是去中介、跨平台、由用戶創造的，這一點也符合 Web 3.0 概念。

目前來看，Metaverse 的發展還處於非常早期的階段，只有少數遊戲或影視作品展現了元宇宙的雛形，提供了對未來社會形式的某些暢想，元宇宙的大規模落地仍需很長時間。

參考資料

〈去中心化的意義〉（https://medium.com/@VitalikButerin/the-meaning-of-decentralization-a0c92b76a274）。

〈2018 年度 DApp 行業研究報告〉（http://www.199it.com/archives/833512.html）。

CoinGecko 網站及數據（https://www.coingecko.com/en）。

The Block 網站及數據（https://www.theblockcrypto.com/data/nft-non-fungible-tokens/nft-overview）。

Messari 網站（https://messari.io/）。

第 8 章

Ⓑ

為主流機構服務

機構級金融生態崛起

相對於 DeFi 而言，傳統金融機構也有了自己對應的名字叫 CeFi（Centralized Finance）。在數字資產蓬勃發展的同時，必定會形成其對應的交易市場及各種配套金融服務商，而且當傳統機構投資者在看好數字貨幣市場的發展並且準備進入時，也面臨著較大的學習成本，提供加密貨幣金融服務的新型機構，也就有了發展空間。這些機構既保留了傳統金融機構的服務模式，又融入了數字資產的業務內容。目前加密資產機構級別的金融服務主要集中於託管、保險、主經紀商三大類。託管服務主要包括密鑰管理、質押、鏈上投票治理及交易；保險服務包括傳統保險公司推出的保險產品及自保險服務等；主紀商服務主要包括聚合交易、借貸業務、託管讀物、OTC 服務以及其他業務。此外，除了機構級服務之外，傳統機構投資者的入場平台也在逐步完善，具體比如加密貨幣 ETF、合規交易所、合規信託產品等。而穩定幣作為與現實世界有最強聯繫的一種加密資產，已經慢慢趨向於由金融機構或者互聯網公司主導發行，具體包括法幣穩定幣、去中心化穩定幣，以及算法穩定幣。穩定幣與現行金融工具有比較大的相似性，而且有擾動現有金融體系的可能性，它也是備受監管部門關注的一類數字資產。

8.1 託管 ── 虛擬資產託管的特殊性

加密貨幣的託管是持久以來困擾機構的問題。託管不僅是一個產品，而是涉及到安全性、技術、合規、機構投資者的引入等多方面的問題。許多產品的基礎都是託管，如穩定幣、STO、合規交易所等，所以可謂兵家必爭之地。託管對傳統金融機構的意

義,就是把客戶的金融資產保管在保管方,保管方接受客戶的委託,保證客戶資產安全,並提供一些增值服務,比如估值核算、績效分析、資產會計、風險控制等。

數字資產最初是不存在託管這個問題的,即數字貨幣在一開始誕生之時沒有第三方機構協助保管,一開始數字貨幣就是自託管(self-custody)。這也是數字貨幣的特色,即可以移動數字貨幣(即錢包管理權)的私鑰掌握在用戶自己手裏。沒有一個可信的機構提供中心化託管,也沒有具公信力的機構去發牌,託管是從無序的狀態下開始的。

當機構投資者有興趣時,發現竟然是沒有託管機構的,這就造成機構不太敢進入的問題。因為機構資金和資產的託管不是一個可選項,而是一個必選項,如美國的 SEC 就規定持有超過 15 萬美元的機構需要將資產進行託管。此外,機構投資的 mandate 也是一定會要求使用託管商,沒有託管商投資者也不敢投進來,目前比較成熟的投資加密貨幣的基金都選用了託管商,而且是市場上比較有公信力的機構。

數字資產託管的不同特點:

有四類特殊的服務是加密貨幣託管所特有的:

- 多方秘鑰管理
- Staking
- 投票治理
- 交易

8.1.1 多方秘鑰管理

因為加密貨幣本身的控制權掌握在私鑰持有人手裏,安全的做法是把私鑰分幾個部分,比如分成 M 份,需要 N 個簽名才可以

操作數字資產（N<M）。資產的託管方和資產的委託人各持有幾個私鑰的部分，需要幾方一起操作。這也不是託管機構特有的，一些加密錢包也提供類似的服務。然而，多方簽名是目前託管機構通行的做法，可以大大降低資產風險，尤其是當對手方公信力不高。技術能力更強的可以使用像安全多方計算（MPC）這樣的技術，可以更安全地控制私鑰，毋須幾方同時操作，只要一定時間內大家都操作就可以了，而且也毋須重建私鑰。私鑰本身是不可見的，因此也不會被盜，安全風險大大降低，如 PlatON 和 Curv。

8.1.2　Staking

Staking 也不是數字資產誕生之初就有的，只是當 POS（Proof of Stake）開始大行其道時，staking 才成為了不可或缺的要件。如我們前面所介紹，數字貨幣一開始是使用工作量證明（POW），但是工作量證明的鏈速度很慢，且資源消耗大，於是新一代的鏈都在轉向使用 POS 型共識。

POS 型共識的收益由鏈的通脹水平決定，參與 staking 質押的人（即成為 stakeholder，可以參與出塊）可以獲得對應比例的通脹收益。POS 幣如果只是儲存於錢包裏而不參與 staking，則會失去這部分收益，而且是無風險收益（幣本位）。因此，投資人只要持有 POS 幣，就必然參與 staking（假設他是理性）。託管層面，提供 staking 就成為必然，會產生優勝劣敗。投資人不大可能放棄每年 2%-20% 的 staking 收益，因為這足以覆蓋很多費用。當然提供 staking 也是一個技術問題，需要自己搭節點，託管商可以選擇外包。

8.1.3　鏈式投票治理

鏈上治理採取股東大會的治理模式，股票是按照投資人手持的股份數量，參與公司投票。鏈式治理是 Token 持有人通過鏈上治理模型，進行鏈的性能升級、經濟模型修改、其他提議等治理活動。目前有許多鏈開始轉為純鏈上治理，如 Polkadot；但是也有些鏈堅持鏈下治理，如 Ethereum。關於鏈上和鏈下治理的優劣，我們曾有過詳細的分析，可參閱：〈區塊鏈治理與 Polkadot 的鏈上治理實踐〉。（https://www.chainnews.com/articles/399208005832.htm）

鏈上治理容易變成持幣人治理，即持幣愈多則發言權愈多；鏈下治理容易變成開發公司治理，即鏈的升級過程由原始開發團隊掌握。目前對鏈上治理及鏈下治理還沒有定論，如以太坊創始人 Vitalik 就堅持鏈下治理。雖然客戶資產受到託管，但客戶的投票權並沒有隨之轉移，客戶可以通過託管商的介面繼續參與投票。但有的託管商本身也是節點營運者，客戶也可以把投票權全權委託給託管商，讓其幫自己投票。

8.1.4　託管商代交易

直接通過託管商進行交易是近期剛剛興起的一種新服務，即客戶資產始終保存於託管商，但是客戶可以通過 OTC 交易平台，直接讓兩家託管商直接進行交易。這至少解決了兩方面問題，其一是客戶資產不需要在交易所和託管商之間轉移，避免了一部分風險；另一方面就是一旦客戶需要進行交易所的交易，必然會有冗餘資產，即時進行交易的資產一般是小於往交易所轉移的資產量，這就省去了散落在各個交易所的「冗餘資產」。

8.1.5 託管的另一途徑 —— 發行代幣資產

由於 Token 的特殊性，有一類業務如果合規的話必須通過託管商，就是穩定幣的發行。現在穩定幣裏，發行量最大的是法幣抵押型穩定幣。早期的穩定幣還在討論甚麼樣的模型更加穩定，但是隨着法幣穩定幣的發行，目前規模已經超過 200 億，而且各類發行機構都有，其實大家對於法幣穩定幣基本充滿信心。除了 2018 年 USDT 的一次大型偏離外，其他合規穩定幣基本幣價穩定，使用起來如同美元，別無二致。穩定幣發行的一個重要條件就是，需要一個合格的託管機構。像美國發行的這類穩定幣，無論是 BitLicense 還是 MSB 渠道，都需要找合格託管機構，可以是銀行，也可以是合資格的信託公司。在有牌照和託管方的條件下，穩定幣發行方就正式獲得了許可渠道。希望兌換穩定幣的用戶，可以直接把美元轉到託管商的銀行賬戶，完成美元資產的託管，同時發行商發行對應的數字穩定幣到用戶的數字貨幣賬戶。

8.2 保險 —— 必不可少的要件

加密世界安全事故頻發，催生了加密保險行業的熱情。傳統保險公司的運作機制是：1）精算師計算各類事件（如生病、死亡、災害等）發生的概率；2）產品部門設計相應產品，精算師根據概率進行定價；3）投保人購買產品；4）投保人在保單存續期間繳交保費；5）發生理賠事件，保險公司核保、定損，並進行理賠金額支付；6）保險公司的保險合同準備金用作投資。

目前我們看到去中心化的保險機制，沒有精算師及投資部門，所以與傳統的公司制運行保險公司不同，更類似互助保險。當然

互助保險也一直存在，也是最古老的保險形式，採用互助保險合作社的形式進行。全球互助保險市場份額約佔所有保險合同的三分之一左右。

在傳統的保險行業中，一份保險產品會經過產品設計者、保險公司、保險經紀商等角色，最終轉移到用戶（即被保人）手上。其間的角色分工如下：

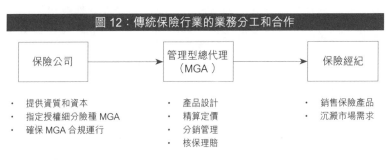

圖 12：傳統保險行業的業務分工和合作

保險公司
- 提供資質和資本
- 指定授權細分險種 MGA
- 確保 MGA 合規運行

管理型總代理（MGA）
- 產品設計
- 精算定價
- 分銷管理
- 核保理賠

保險經紀
- 銷售保險產品
- 沉澱市場需求

資料來源：HashKey Capital 整理

8.2.1　保險公司

保險公司是為保險產品提供保險資質，並承擔保險責任的一方。用戶的保費在扣除其他第三方服務商的分佣後，大部分將給予保險公司，而保險公司可以主動管理保費收入，比如投資，並需要在理賠發生時向用戶支付承諾的賠付金額。合規的保險公司一般需要持有保險資質，且資產負債表非常重。為了確保有賠付能力，監管一般會要求保險公司持有一定比例的儲備金，這部分儲備金不能用於投資或營運。

8.2.2　保險產品設計者

保險產品設計者可以是保險公司本身，也可以是獨立的第三

方供應商。在大多數國家，第三方供應商都是以 MGA 的形式存在。MGA 全稱是 Managing General Agent（管理型總代理），其職能在於為保險公司設計特定保險產品，包括識別風險、產品定價，以及產品後續的風險管理（如理賠審核等），可以理解為保險公司的白牌服務商。

MGA 模式源自美國，在東海岸保險公司希望進入西部地區，但又缺乏當地人脈和知識的情況下，只能通過在當地僱用總代理來進行業務。後續隨着歐美保險市場的成熟，以及險種的高度細分化，各個細分領域的專業產品設計者相繼誕生，MGA 模式也開始在歐美普及起來。

MGA 可以協助保險公司完成保單的條款設計，但最終簽出保單並為保單負責的仍然是保險公司。因此 MGA 不需要擁有雄厚的資產負債表或保險資質，但仍屬於受監管的保險中介機構。通常合規的 MGA 要麼需要持有保險中介牌照，要麼需要由保險公司指定授權，並接受保險公司的監督。

8.2.3　保險經紀商

保險經紀商主要負責保險產品的分發和銷售，是連接保險公司和終端客戶的重要紐帶，以及是保險市場「產銷分離」趨勢下的產物。成熟的保險市場中，一家保險經紀商可以代理多家保險公司的產品，為客戶提供更多的選擇；同時，一家保險公司可以通過多家保險經紀公司渠道，獲取市場對於保險產品的需求和反饋，然後根據市場和銷售渠道的需求，推出各類創新型，甚至是定制化的保險產品。

8.2.4　中心化保險

　　基礎保險服務是指可規模化、由保險公司承保、按保單銷售的保險產品。產品在銷售端仍然需要依賴傳統持牌保險經紀商，而在保險公司這一端，常見的模式為：1) 保險公司自研產品，即沒有通過外包的服務商，由保險公司自己對客戶進行盡職調查，並完成產品定價；2) 保險公司 + MGA，即由 MGA 為保險公司設計並管理全套加密資產保險產品，保險公司僅需承保；3) 保險公司綁定一個資產安全方案，即只有在採用特定安全解決方案的情況下，保險公司才能對其承保。

（1）傳統保險巨頭自主推出的保險產品

　　目前主要的保險產品案例，都是傳統保險公司因為看中某家託管解決方案，而為其客戶提供資產保險服務，多為個別的保險服務，並沒有形成標準化的產品。

　　在傳統持牌保險公司和保險經紀商進入 Crypto 領域的過程中，倫敦勞合社（Lloyd's of London）扮演了非常重要的角色，市面上有很多保單都是通過勞合社 Syndicates 來承保的。

　　勞合社是一個大型保險市場，以細分險種覆蓋度和保險行業網絡聞名。Syndicates 是勞合社市場的支柱，每一個 Syndicate 都可以看成一個小型保險公司，且有自己專注的領域。一個 Syndicate 可以由一個或多個個人或公司共同組成，並由這些個人或公司共同為保單提供儲備金。其運行模式是「認購制」，當勞合社收到一個保單需求時，可以由多家 Syndicates 認購保單，每個 Syndicate 也只需要承擔自己認購的這一部分風險，遇到賠付情況，也只需要按自己的比例進行賠付。當勞合社的所有 Syndicate 作為一個整體，其風險承受能力就非常高了。如果把勞合社看成

一家大型保險公司，其淨資產約為 450 億美元。

除了 Syndicates，勞合社也有自己的保險經紀網絡。要在勞合社市場上開展業務，經紀人必須獲得勞合社公司的認可。大多數全球頂級保險經紀商也都通過子公司的形式，在勞合社開展業務。另外，勞合社也有自己的 MGA 成員，主要解決成員公司跨境業務的需求，讓勞合社市場成員在毋須建立全球辦公室網絡的前提下也能夠進行全球業務。勞合社的 Syndicate Arch Insurance 和經紀商 Marsh 聯合推出了名為 Blue Vault 的冷錢包保險產品，2019 年 4 月，勞合社針對 Coinbase 的熱錢包安全，給出了保單金額為 2.55 億美元的保險服務。此前，勞合社還為 Kingdom Trust 等託管公司提供了保險服務。

（2）傳統保險公司＋安全技術提供商

與上述保險公司給託管服務商的客戶提供保險不同，安全技術提供商也參與到了保險產品的研發中，類似保險公司的外部顧問或供應商，但與 MGA 也有區別。技術供應商不需要給客戶做風險盡調，也不需要為保險公司提供產品定價、產品理賠等服務，僅專注於提供資產安全的解決方案，並且這一方案能夠得到保險公司的認可，或得到保險公司授權的 MGA 認可。而保險產品定價、理賠等事項，需要由保險公司或授權的 MGA 來完成。對於安全技術提供商來說，與保險公司的合作是一項很好的獲客渠道和背書。

（3）傳統保險公司＋MGA

在 Crypto 保險領域中，MGA 需要向上游對接保險公司，為保險公司提供產品管理、渠道管理和服務管理，實現降本增效；並向下游對接保險經紀機構，提供產品方案、營銷方案和理賠方案定制，支持經紀公司開展銷售活動。

目前專注於 Crypto 領域的專業 MGA 公司還非常少，但專業 Crypto MGA 的出現可能加速傳統保險公司進入加密資產領域的步伐。

Evertas 是一家總部位於芝加哥的 Crypto 保險服務商，成立於 2017 年，它是現有最典型的 Crypto 領域 MGA。Evertas 本身不提供任何資產安全相關的技術服務，僅專注於保險產品。它將代替保險公司對保險客戶進行風險審計、盡職調查，並基於風險為保險產品定價。當索賠發生時，它還需要代替保險公司審核索賠的合理性，並完成賠付流程，其獨特的優勢在於對 Crypto 資產安全以及私鑰管理方式的理解。

Evertas 已經獲得了由百慕達金融管理局（Bermuda Monetary Authority）頒發的營業許可，屬於持牌的保險中介。

8.2.5　附屬保險服務（Captive Insurance）

附屬保險是指由被保險公司（如交易所等），成立專門的保險子公司，為被保險公司的業務提供服務的模式。

附屬保險與自我保險最大的區別在於，附屬保險公司也是持牌的受監管公司，監管機構會對附屬保險公司的資本儲備作強制要求。因此附屬保險是一種比自我保險更為正規，也更受機構信任的保護方式。

附屬保險的缺點在於只能基於自己的業務提供小範圍的保險，不能給自己以外的其他公司提供服務，因此比較難規模化。另外，附屬保險的承保額度受限於公司自己的資產負債表，而一般的交易所或者託管公司，自身的資產負債表往往不夠覆蓋自己的 AUC。

附屬保險子公司對於母公司來說是一個風險轉移的絕佳渠

道，因為作為持牌的保險公司，附屬保險子公司可以直接參與到再保險市場中，且成立附屬保險子公司的合規門檻要比成立一家獨立的保險公司低得多。

8.2.6 自保險服務

自保險往往不涉及傳統保險公司，本質上是由託管機構、交易所等資產管理方向用戶作出的承諾。比如在 2019 年 5 月 Binance 交易所錢包被黑客攻擊後，損失 7,000 多枚比特幣，價值約達 4,100 萬美元，最終 Binance 採取的措施是使用用戶資產安全基金來賠付用戶損失。該基金資金來源是平台交易手續費收入的 10%，其成立初衷就是在極端情況下為用戶提供保障，這本質上就是一種自保險。自保險通常需要基於平台自身的信用，可以作為基礎保險和附屬保險的補充，但並不是一個合規的機構級解決方案。

8.3 主經紀商 —— 服務機構投資者的基礎設施

8.3.1 傳統主經紀商主要業務

傳統金融行業主經紀商的客戶為機構投資者，其中主要是對沖基金和高淨值客戶，提供的主要服務有交易、清算、託管、槓桿融資、技術服務等一大類支援。主經紀商的出現源於對沖基金交易數據、倉位和收益計算的繁重，主經紀商提供了一站式的管理，把基金管理人從繁重的管理負擔中解放出來，並開始提供額外的資本節約型（capital efficiency）增值服務。可以說主經紀商的發展和對沖基金的繁榮密不可分，其主要業務分類如下：

圖 13：傳統主經紀商業務模式		
核心主經紀業務	合成主經紀業務	其他業務
保證金融資 • 主經紀商向客戶提供融資，幫助其加槓桿 • 客戶向主經紀商提供資產抵押，主經紀商按風險計算保證金金額 證券借貸 • 主經紀商向客戶介紹出借人，客戶可進行做空 • 主經紀商管理抵押品的相關借貸安排	• 主經紀商通過總回報掉期，讓客戶無需實際買入就可以獲得相關頭寸 • 合成交易的保證金可以按組合保證金計算	• 交易執行 • 結算交收 • 託管 • 賬戶管理 • 引薦資金 • 業務諮詢

資料來源：根據 SFC 網站所載報告整理

（1）主要業務 —— 資本類業務

　　主經紀商的主要業務都是貢獻收入最大的那一部分，傳統的如保證金融資、證券借貸，新型的如合成主經紀類服務。合成主經紀服務主要是指利用掉期協議等衍生品，協助客戶建立對應的底層資產頭寸，而省去直接購買的花費，以及解決特定類型市場難以直接持倉的困難。

　　這一類服務的目的都是協助客戶節約資本，主經紀商用自己的資產負債表或者其他源頭的資產進行借貸以賺取收益，無形中也增加了客戶的槓桿水平。

（2）其他業務 —— 費用類業務

　　其他業務包括：交易執行、結算交收、託管、賬戶管理、現金和倉位管理、引薦資金及業務諮詢。其他業務不是主要的收入來源，但為主經紀商的基礎服務，主要依託主經紀商較強的後台管理系統和專業的機構客戶服務團隊。

　　此外基於主經紀商強大的客戶關係網，也有的主經紀商在主導 match-book 或者 intermediate 類業務，就是將客戶具有相反方向的頭寸需求進行匹配，而不需要去外部市場進行詢價，主經紀

商內部就可以完成操作，中間可以收取一定的費用。所以主經紀商一方面業務水平要求比較高，另一方面網絡建立起來用戶很難遷移，所以主經紀商的市場份額都在幾家大型投行手中。

圖 14：主經紀商業務收入來源和全球市場份額

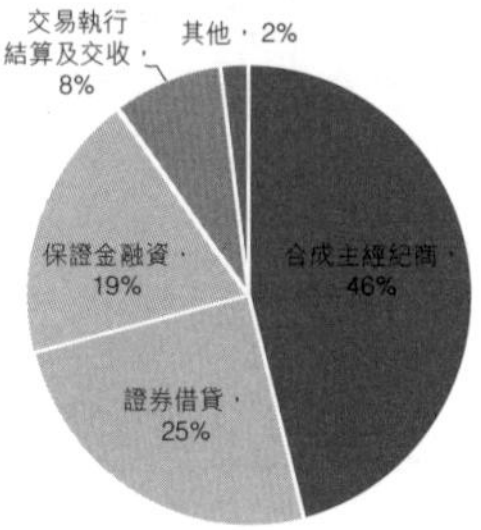

排名	主經紀商	獨家經紀	非獨家經紀	總數	管理資產總額（百萬美元）	市佔率
1	Goldman Sachs	139	482	621	293,004	15.49%
2	J.P. Morgan	134	403	37	288,472	15.25%
3	Morgan Stanley	89	408	497	240,673	12.72%
4	Credit Suisse	41	275	316	186,213	9.84%
5	BoAML	24	221	245	135,964	7.19%
6	Citigroup	25	183	208	127,923	6.76%
7	Deutsche Bank	18	213	231	123,280	6.52%
8	Barclays Capital	3	155	158	84,470	4.46%
9	UBS	25	231	256	74,977	3.96%
10	BNP Paribas	26	84	110	47,830	2.53%
	其他	607	705	1,312	289,174	15.28%
	總計	1,131	3,360	4,491	1,892,021	

資料來源：根據 SFC 網站所載報告整理和 Hedge Fund Association 網站

8.3.2 加密貨幣主經紀商主要業務

加密貨幣所謂的主經紀商與傳統主經紀商略有不同，目前階段可能更適合的定義是經紀商。為了適應加密貨幣交易的特點，目前加密貨幣主經紀商提供的服務有：聚合交易服務、資金和數字貨幣的借貸服務、託管服務、OTC 服務和其他服務。

（1）聚合交易

Crypto 的聚合交易和傳統聚合交易有一個比較大的區別，就

是流動性的分離和聚合發生的場景完全倒過來。

傳統標準金融交易品場景：交易所少、經紀商多，流動性聚合在交易所。

Crypto 場景：經紀商少、交易所多，經紀商聚合流動性並進行分發。

和 crypto 類似的外匯市場中，有比較多的流動性聚合，因為外匯市場的結構也很分化，有銀行、dealer、主要交易公司（PTF）、零售交易者等。Crypto 市場也很分化，只是分化的形態不同：交易所多、流動性聚合少，而且幣種及貨幣也多，導致流動性被分割的過細，所以急需流動性聚合服務。

（2）借貸業務

借貸是無論經紀商還是主經紀商一般都會提供的業務，但對於在 crypto 領域裏的經紀商則是一項可選業務，和項目基因有關。比如以交易見長的 FalconX 就提供較少的信用額度，但是某些由託管或者借貸轉型過來的經紀商，就多提供這類如 BitGo、BlockFi 等。

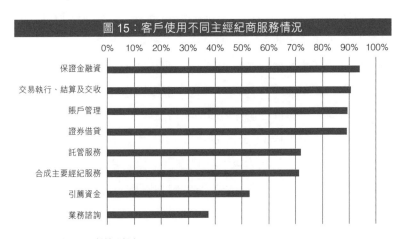

圖 15：客戶使用不同主經紀商服務情況

資料來源：載於 SFC 網站的報告

資本效率（capital efficiency）對於客戶而言是非常重要的需求，特別是會使用槓桿的機構投資人。根據 SFC 調查，傳統金融裏，90% 的主經紀商的客戶，都會選擇保證金融資，接近 90% 都會進行證券借貸。借貸類需求排在所有需求之首。

當然這也和客戶結構有關，主經紀商 80% 以上都是對沖基金，對沖基金的資金量其實都不算大，為了獲得各類頭寸需要各種借貸業務的支持。

（3）託管服務

託管服務一般不是主要的收入來源，因為託管服務的收入較薄。Crypto 的託管服務一開始是非常搶手的，主要是不容易獲得類似的牌照，託管費用也比較高。但是隨著參與者愈來愈多，託管服務的利潤也開始變少。部分託管商開始轉型，如 BitGo、Anchorage 等。託管服務的一大優勢，就是掌握了大量的客戶資產，而且由於 crypto 的風險，一般客戶對託管的黏性還較高，一般可通過提供一些額外的附加價值服務獲利。

（4）OTC 服務

OTC 業務是比較多的，Bloomberg 曾估計 crypto 的 OTC 交易量是場內交易所的兩倍。OTC 業務主要也有兩種：

一種是本金櫃枱（principle desk）。櫃枱自己承擔買幣的風險，客戶下單，提供報價，然後交易者去市場以報價去完成訂單。櫃枱承擔報價之後和自己執行之間的價格風險。

一種是代理櫃枱（agency desk）。客戶給出大概的價格範圍和訂單大小，櫃枱去尋求賣家，客戶自己承擔下單後和成交之前的價格風險，一般是託管商可以提供的附加服務。

OTC 交易所不一定是主經紀商提供，一般大型交易所也會提供。比較大的提供 OTC 交易商包括 Genesis Trading、Coinbase

Prime 和 出 售 給 Kraken 的 Circle Trade（現 在 叫 Kraken OTC desk）。

（5）其他業務

◎ 合成主經紀商

這類在傳統金融裏面比較多，crypto 領域做的不多，我們看到的有 B2C2 在提供類似服務。目前看是傳統機構需要數字貨幣的風險暴露，但是不想直接持有數字貨幣，故需要類似的業務。因為基本上想要交易的幣，都可以交易，OTC 交易商也可以協助在市場上購買。

◎ 組合保證金

組合保證金不一定是主經紀商提供，交易所提供的情況比較多，但是主經紀商如果介入衍生產品交易的話，也可以提供組合保證金服務。組合保證金對應的是一般保證金，一般保證金就是按照交易者的每一筆開倉，去計算對應的保證金。組合保證金是所有投資組合，尤其是衍生品類型的投資加在一起，因為投資方向有正反，所以就把這些投資所需要的保證金進行倉位的綜合，這樣的保證金需求就大大減少，是基於整個投資組合來計算保證金的一種方法。簡而言之，也是一種具資本效率的方法。當然組合保證金的關鍵在於計算，傳統的計算方法經歷了不可沖銷的保證金系統、策略組合保證金系統、組內沖銷保證金系統和基於全域風險觀的組合保證金系統。具體橫向看，各類交易所也有不同的組合保證金機制，如 CME 的 span、OCC 的 Stan、Eurex 的 Prisma，以及 Nasdaq 的 Genium Risk。

◎ 多賬戶管理

多賬戶管理和數字貨幣市場的特徵緊密相關。數字貨幣市場誕生伊始，交易所一直承擔着傳統交易所及券商的角色，無論是

上幣、交易、清結算、賬戶管理、託管、衍生品等各類服務,似乎是一個可以包辦的全能角色。各方都在參與交易所的建設,用戶可以直達交易所交易,中間並不需要中間商賺差價。但正是因為諸多交易所的存在,才衍生出經紀商這一需求。用戶面臨的問題是:1)可能要開設多個交易所賬戶;2)多個交易所賬戶使得每個賬戶都要存一些資金;3)如果是機構,可能還需要額外的 OTC 交易和低成本的槓桿資金支持。此時主經紀商就可以代表客戶參與多個交易所的交易,客戶不用顧忌各個交易所的差異性,可以依託主經紀商的資本進行衍生品的開倉、交易等,這樣資本就可以大為節約。

8.3.3 潛力巨大

主經紀商的主要的服務對象是機構投資者,這一點毋庸置疑。它可以把機構投資者從繁重的賬戶管理、頭寸管理中解放出來,但是加密貨幣的主經紀商業務,主要依賴於兩個方向的發展:1)加密基金的蓬勃發展;2)衍生品市場的壯大。

目前來看,crypto 類型的對沖基金數量還是太少,管理資產不夠大。根據 PWC 的估計,2019 年底 crypto 對沖基金的 AUM 總和也就是 20 億美元左右,大概也就是加密貨幣總市值的 1%。這個規模的對沖基金難以撐起主經紀商的業務,就算把高淨值、大戶加起來,估計也不會超過總市值的 5%,按現在的市值估計也不到 200 億美元。

衍生品業務是近三年來加密貨幣最大的趨勢之一,期貨、期權等相繼蓬勃發展。2017 年以來衍生品市場發展非常快,期貨的成交量已經非常接近現貨的成交量。2020 年是主經紀商慢慢開始浮出水面的一年,見諸報端的就有許多玩家公開宣佈入場,如

Coinbase、Genesis Trading、Nexo、Bequant、BitGo 等。表明
這個細分的行業開始受到重視,而且和前幾年的交易所不同,主
經紀商的參與者在資質上要高出很多,很多有傳統投行背景;還
有的一些就是從託管和借貸轉型過來,客戶基礎和行業理解強,
而且都拿到了不少的融資,實力強勁。現在行業的問題就是處於
成長早期,機構客戶太少、衍生品不發達,但是這樣的佈局也是
機構入場的一個佐證。相信再通過兩三年,也可能效仿傳統主經
紀商,形成一定的地域壟斷以及寡頭壟斷格局。

8.4 向傳統金融學習 —— 他山之石,可以攻玉

數字生態系統本身是一個巨大的金融體系,從比特幣誕生
那天起,交易、支付、借貸產品層出不窮。在還不知道數字資產
等有何種用途時,膨脹而波動的交易價格迅速吸附了諸多交易服
務。只要是有一類資產出現,就一定會形成交易市場。根據金融
的發展路徑,也會誕生各種服務商、分析決策系統以及對應的中
間商 broker-dealer 等。這是數字資產市場向傳統金融靠近的一個
路徑。

另一個促使數字資產市場向傳統金融靠攏的因素是,傳統機
構投資者開始看重其發展。機構投資者的服務體系已經非常完備,
從銀行、託管、券商、交易商等渠道誕生出的業態非常豐富。而
當他們進入數字資產市場時,發現中間和股票、債券、外匯等產
品的投資流程上存在着巨大的鴻溝,一開始還不得不適應數字資
產的現狀,但這產生了巨大的門檻和學習成本。

8.4.1 入場平台 —— 逐步完善

有門檻就有商機，一些為傳統機構服務的商家，看準了其中的機會，開始把個別傳統服務的類型套用進來。其中一個，機構投資者看重的因素就是合規性。比如一個很簡單的問題，如何投資到比特幣，就是一個比較棘手的問題。

市場上大致有這麼幾個解決辦法：

· 比特幣 ETF

· 合規交易所

· 信託基金 / 私募基金

ETF 是最合規也最難申請，但讓機構投資者容易參與到比特幣交易中，因為是在傳統交易所直接上市的產品，可以像買賣股票般直接進行交易。其後的結算、交易、託管等也如股票一樣，沒有任何生疏的感覺。這一直是資產管理機構發力的方向，一旦獲得成功，將帶來巨大的流量以及無與倫比的廣告效應。

但是，ETF 這類產品，本質上不是一個純商業化的行為，更需要監管層面的許可。這就會牽扯到監管層怎麼看待加密資產的的問題。

從 2018 年開始，至少有五家以上的企業前仆後繼，參與到 SEC 監管體系下的 ETF 申請的工作中，包括 Vanrek、Bitwise、Phoenix 及 Winklevoss 等。但是 SEC 均沒有通過，基本的理據有兩條：

· 申請提議未能符合 Exchange Act Section 6(b)(5) 的要求；

· 不能證明比特幣的市場是沒有操縱價格的行為。

當然也有人批評，包括 SEC 內部的 Hester Peirce，對這種拒絕認為是針對市場過高的要求（heightened standard）。無論市場如

何揣測，SEC 均拒絕了此前所有的 ETF 的申請。從我們的角度來看，市場對於申請比特幣 ETF 的熱情開始下降，這條路或許還不實際。

當然這一批申請的熱潮也並非徒勞，像 Bitwise 就非常充分地準備了多達 561 頁的分析材料和解析，呈上 SEC 讓其了解比特幣市場。

8.4.2　合規交易所 ── 正式但仍有不足

以美國為例，目前有兩類合規交易所。目前基本最為合規的交易所是以 Coinbase 為代表的幾家獲得紐約州發放的 BitLicense 牌照的公司，以及在其他州獲得 MSB 牌照的公司，但是這些交易所仍然沒有辦法和傳統交易所相比。

Coinbase 於 2012 年成立，是全球最大的合規數字資產交易所，在全球多個地方開展業務，註冊用戶超過 5,600 萬，並在 2021 年 4 月 14 日通過直接上市手段在納斯達克掛牌。Coinbase 的快速發展得益於：1) 全面合規，擁有各種的數字貨幣牌照；2) 非常強的股東結構，包括 Tiger Global、Union Square Ventures、IDG、SVC，同時也和多家銀行、支付機構如 Visa、Mastercard 等展開合作；3) 業務多樣。除了交易所以外，還有錢包、券商、穩定幣、風投、經紀商、零售商支付處理等八個業務線。Coinbase 能如此迅速發展，多虧了美國本土的創業文化，以及穩健的發展思路。因為和 IT 企業不同，交易所是一項金融業務，必須穩健以及合規。Coinbase 在 2021 年上市，上市首日市值達 850 億美元。

另一類是期貨交易所，包括 CME 推出的比特幣期貨，還有 Bakkt 推出的實物交割的比特幣期貨，在 ICE Futures U.S. 交易。

這類交易所完全符合合規性，因為 CME 原本就是傳統投資者可以參與的期貨交易場所，類似的還包括和 CME 同期推出的 CBOE 的比特幣小型期貨，但目前已經不再延續。CME 和 CBOE 就不多介紹了，是非常老牌的衍生品交易所。2020 年初傳奇投資人 Paul Tudor Jones 非常積極地參與比特幣投資，其實就是參與了 CME 的期貨，而不是通過上面的新型虛擬資產交易所持有現貨，就可以顯示直接持有比特幣現貨並不是傳統交易者的最佳選擇。

8.4.3 合規信託產品 —— 正式且較具規模

灰度基金（Grayscale）是業內非常著名的數字貨幣投資產品，其管理人灰度投資也是著名的區塊鏈投資機構 Digital Currency Group 的旗下知名業務，成立於 2013 年。

Grayscale 第一款產品比特幣信託（也是 Grayscale 最受歡迎的旗艦產品）在 2013 年發起，並獲得 SEC 的非公開配售豁免登記（即毋須註冊為證券，可以以定向的形式非公開地進行配售）；於 2015 年獲得美國金融行業監管局（FINRA）的批准，可在美國場外交易市場 OTCQX[1] 公開報價（代碼為 GBTC）。自此，合格投資人可以通過經紀商在該場外交易市場進行公開交易該信託份額；該比特幣信託產品於 2020 年 1 月正式在美國 SEC 註冊登記，成為首個向 SEC 報告的加密貨幣投資工具。

8.4.4 信息服務商 —— 能否創造另一個彭博

彭博、路透、Wind 等都是在金融信息領域建立了非常長久的商業模式，區塊鏈領域也有類似的服務商。早期這類數據服務商

1　關於 GBTC 產品的一般情況，可參閱：https://www.otcmarkets.com/stock/GBTC/overview。

的業態比較難做，因為大部分參與者還沒有查看數據交易的習慣，以及為數據和信息付費的習慣。出現了很多曇花一現、品質也非常不錯的產品，令人扼腕。

數據服務商大致分成幾類：

1）鏈上交易數據。區塊鏈獨有的一類數據，記錄鏈上地址、轉賬、區塊、哈希值等。

2）交易數據服務。這個是服務商從現有的交易所實際交易的數據所得來的。

區塊鏈本身就是一個數據庫，但是為甚麼會出現鏈上數據服務商呢？因為區塊鏈的數據並不是直接可以獲得的，最簡單的辦法是自己搭一個區塊鏈的節點，這樣就可以保存所有的鏈上數據，並加以分析。但這對一般用戶而言，是難以承受的一筆成本，而且入手門檻極高。原始數據對於缺乏工具的一般用戶來講，並沒有任何效用，所以出現了鏈上數據的服務商，他們自己去搭節點，或者租用別人的節點，然後搭載分析工具。傳統金融裏，彭博及Wind 的服務模式都很成熟，所以直接借鑒過來是一種可行的辦法，而且鏈上數據本來就是區塊鏈所獨有，作為可以自由參與的網絡，所有數據都公開，只是缺乏展示介面。

那為甚麼區塊鏈的機構投資者現在還不會大規模的使用數據？原因有以下幾點：

- 同質化的服務太多，因為數據層面是很容易想到的一個方向，大量做傳統數據的團隊湧入，但是產品大同小異；
- 真正可以打動機構的服務不多。機構需要一種直接和賺錢相關的綜合工具，而不是一種純粹的數據服務。即便是已格式化的數據，機構仍要費力進行更深層次的結構化、並添加策略開發，耗時耗力；

- 交易所本身就提供數據。交易數據可以直接從交易所的 API 獲取，而且基本上是免費的，可以直接下載。交易所數據是量化交易團隊，特別是造市團隊所必備。

8.4.5 數據品質受質疑

有一些機構開始集成交易所的數據服務，基本上交易所的歷史數據比較困難，尋找第三方數據來源可以很快的建立交易所歷史數據。另外一個問題是，因為數字資產流動性比較分散，除了頭部交易所以外，大部分交易所都面臨流動性不足的問題，所以會引入很多造市商。部分交易所開始把造市商的費率調為負值，這樣變相鼓勵造市商在平台上刷量，刷量可以為交易所做品牌、累計用戶。但是合規交易所（如美國的那些）則不會，因為交易量增加就意味收入增加，會導致稅務負擔增加。所以那些沒有合規的交易所，利用造市商刷量的情況異常嚴重。也有部分機構如 Bitwise、Coin Metrics、BTI、Alameda 對交易所造假行為進行分析，得出了一些識別造假行為的方法。

如果借鑒傳統金融的經驗，我們也覺得有一個趨勢，就是數據提供商不會特別多，尤其是集成類產品。隨着 DeFi 的發展，我們也看到一類新的服務商誕生，如 Dune Analytics、Nansen 等，專門服務 DeFi 類的數據，這也是底層產品擴展帶來的流量紅利。但最終會向頭部靠攏，目前也看到大批活不下去的數據提供商存在，有些產品不錯，也很惋惜。然而，這是未來巨頭出現的序幕。

8.5　穩定幣 —— 與現實最有關聯

我們把穩定幣歸納為機構級別的金融服務，一方面在於穩定

幣本身的發行，從一開始由創業企業開始，已經慢慢趨向於由金融機構或者科技企業發行；另一方面，穩定幣本身愈來愈受到央行及全球監管機構如 Fed、ECB、BIS、G7 member 的關注，以後穩定幣將受到嚴格監管。與一般的鏈上原生資產不同，穩定幣與現行金融工具類似，而且會擾動現有金融體系。在 Facebook 的 Libra（現稱 Diem）出現以後，這種趨勢將更加明顯，即完全由機構主導的穩定幣市場。

8.5.1　穩定幣的類型

普遍意義上的穩定幣分成三種類型：

- **法幣穩定幣**：法幣穩定幣是背後有法幣支持的穩定幣。Tether 是最早的穩定幣，也是最早的法幣穩定幣，但是因為合規性被人詬病。之後出現的一類法幣穩定幣，如 USDC、GUSD、PAX 等，具有相對較為完備的監管架構，通過資金服務商模式（MSB）或者是信託機構（Trust）進行，滿足美國州監管的法律框架。

- **去中心化穩定幣**：以 MakerDAO 為代表，MakerDAO 是基於以太坊的借貸協議，穩定幣 DAI 是其副產品。但是 DAI 也開創了穩定幣的新紀元，以完全去中心化的發行模式，與現實中真實存在的資產掛鉤，是一種機制上的精巧設計。DAI 的出現，驅動了 DeFi 市場的發展，無論是協議層面還是工具層面。

- **算法央行型穩定幣**：在 2018 年出現，三大類型穩定幣並駕齊驅。但是在市場應用層面，算法央行沒有獲得成功，目前的項目主要是類似 Terra 這樣的，具有商業場景的穩定幣。大部分算法央行穩定幣，都不復存在。最起碼從市

值上看，不是穩定幣的主流。

這是普遍的分類，不同機構有不同的穩定幣分類，下表為歐洲央行對穩定幣特性的分類：

表 12：穩定幣特性分類			
	發行基礎	抵押物	贖回
代幣化基金	基金	基金或低風險資產	市值或面值
鏈下質押穩定幣	機構所持資產	機構所持資產	市值
鏈上質押穩定幣	分佈式賬本所持數字資產	分佈式賬本所持數字資產	市值
算法穩定幣	數字資產或免費發放	無抵押	不可贖回

資料來源：載於歐洲央行的穩定幣報告

8.5.2 穩定幣的監管和風險

穩定幣增長速度非常之快，於 2020 年出現了大幅擴張，年初全市場還只有不到 60 億個，到了 12 月份已經超過了 250 億個以上，一年增加接近三倍。

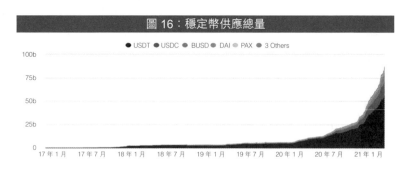

圖 16：穩定幣供應總量

資料來源：載於 The Block 網站上的統計資料（2021 年 5 月 6 日更新）

　　穩定幣的大幅增加也是價值儲存的一個證明。由於美聯儲開啟了放水模式，導致流動性大幅增加，目前穩定幣在 2020 年大幅增加的原因，其實一直是不明確的，我們估計也有相當一部分的資金進入了穩定幣領域。

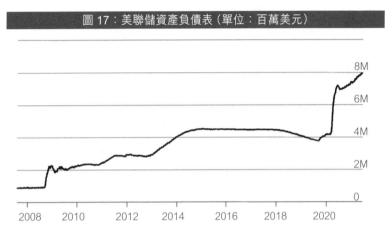

圖 17：美聯儲資產負債表（單位：百萬美元）

資料來源：載於美聯儲網站上的統計資料

　　當然資金進入穩定幣領域之後，會用來購買加密資產，如果我們把交易所比特幣和以太坊的圖，以及穩定幣的圖結合來看的話，會發現兩者有一定的關係。當然，這只是我們的推論。

　　然而，穩定幣的發展受到監管的關注似乎甚於比特幣。因為比特幣發展這麼多年，已經認識到比特幣對金融系統的影響其實是不如穩定幣的，如 G7 委託國際清算銀行（BIS）製作穩定幣的研究報告，BIS 已經表明比特幣並未成為有效的支付手段和價值儲存，後一點有待商榷，但是前一點已經獲業界公認。

　　穩定幣是符合這兩種特性的，尤其是支付手段，這是金融監管的一個重要方向。

為甚麼穩定幣開始受到全球範圍內監管的關注，有幾個原因：

1）數字化的美元首次出現，游離於目前監管框架之外，是否會造成金融風險不得而知。

2）各種類型的穩定幣都有，主題都不一樣，有的還是去中心化發行的，責任主體不明。

3）穩定幣的發展太快，商業價值跑在了監管前面。

4）大型商業公司（如 Facebook 及 JP Morgan）也開始進入到這個領域，引起全球監管震動，尤其是 Libra。假設真的選用全球監管模式，還真的沒有一套行之有效的監管辦法。

目前比較受認可的穩定幣風險特徵包括：

- **對貨幣政策的影響**：主要指穩定幣成為一種另類價值儲存（store of value），可能對貨幣政策以及政策的傳導帶來危害。例如，穩定幣無利率的特徵會造成實質上的一種零利率環境。

- **對金融穩定的影響**：指穩定幣本身內部的脆弱性與其他金融系統交互時帶來的影響、流動性從穩定幣遷移，以及對金融系統的傳染。

- **對基礎設施和市場的影響**：目前的穩定幣系統與支付系統相似，但卻缺乏完善監管。

- **對銀行系統和宏觀審慎的影響**：銀行也可能需要在穩定幣市場中發揮作用，而巴塞爾協議的支柱 1 和支柱 2 也需要考慮穩定幣的風險。

8.5.3 穩定幣的發展

如今來看，穩定幣的發展可謂進入兩個層面。一個是區塊鏈行業內部推動，以行業創新／需求為導向的發展，2020 年以來我

們看到的穩定幣大爆發屬於這個範疇；而在另一個層面，我們看到的是傳統企業對穩定幣和區塊鏈技術非常感興趣。穩定幣一方面可以作為一種支付手段，另一方面也可以作為一種記賬單位，前一種以 Facebook 的 Diem（舊稱 Libra）為代表的，後一種是以銀行內部發起的結算穩定幣，以 JPM coin 為代表。

2019 年最令行業轟動的事情，就是 Facebook 準備發行穩定幣 Libra。我們當時曾經推測：「我們認為 Libra 未來可以有兩個路徑，一是如白皮書所述，成為金融基礎設施；二是如果成為金融基礎設施困難較大，可以成為通用性公鏈，類似目前的公鏈，但具備更多的用戶和場景。」目前看，Libra 朝著第二個路徑發展。Libra 協會在 2020 年 4 月 16 日發佈了白皮書 2.0，和 1.0 版本白皮書及願景相比，作出一些重大改變。Libra 向監管表現出最大的善意，其重大改變是以合規和經濟為導向，甚至也是統一在合規架構下，技術改變（放棄非許可公鏈架構）也是為合規所服務。因此，Libra 在本質上不是技術產品，而是一個經濟體架構，為了適應多邊監管而不斷作出取捨。

從目前情況看 ≈USD 可能最先起步，滿足合規架構以及符合市場上的實際需求。有消息指 Diem 會在 2021 年開始上線主網。

◎ JPM coin

JP Morgan 在 2019 年 2 月就開始測試基於 Quorum（一種聯盟鏈）的穩定幣，JPM Coin 是一種使用區塊鏈技術進行即時支付的數字硬幣。通過區塊鏈在不同方之間交換價值（比如貨幣），需要一種數字貨幣。JPM Coin 本身不是錢，它代表於美國摩根大通銀行指定賬戶中持有的美元的數字硬幣。簡而言之，一枚 JPM 硬幣的價值總是相當於 1 美元。當一個客戶通過區塊鏈向另一個客戶匯款時，JPM Coin 會被轉賬並立即兌換等值美元，從而縮短了典

型的結算時間。

下圖簡單表示該流程如何運作。在第一步中，摩根大通的客戶將存款存入一個指定的賬戶，並收到等量的摩根大通硬幣；在第二步中，這些 JPM 硬幣被用於通過區塊鏈網絡與摩根大通其他客戶的交易（如貨幣流動、證券交易中的支付）；最後在第三步，持有摩根大通貨幣的人將其兌換成美元。

圖 18：摩根大通穩定幣概要

步驟一：分發	步驟二：支付	步驟三：贖回
客戶儲備賬戶	客戶儲備賬戶	客戶儲備賬戶
分佈式賬本	分佈式賬本	分佈式賬本

資料來源：載於摩根大通網站上的資料

JPM Coin 目前是一個原型，將在摩根大通的少數機構客戶中進行測試，並計劃擴大試點項目。JPM Coin 目前是為企業對企業的貨幣流動而設計的，因為仍處於測試階段，並沒有計劃在這個階段提供給個人。也就是說，節省成本和提高效率的好處將惠及機構客戶的最終客戶。因為並不流通，JPM Coin 本質上就是穩定幣的記賬功能。

參考資料

SFC 網站關於主經紀商的報告（https://www.sfc.hk/-/media/TC/files/ER/Reports/sfocircular19031_chi_report.pdf）。

Hedge Fund Association 關於主經紀商的報告（https://www.hedgefundassoc.org/wp-content/uploads/2019/08/Article-Prime-Brokerage-survey-Absolute-Returns-HFM-07-15-2019.pdf）。

歐洲央行關於穩定幣的報告（https://www.ecb.europa.eu/pub/financial-stability/macroprudential-bulletin/html/ecb.mpbu202005_1~3e9ac10eb1.en.html#toc8）。

美圖 CoinDesk 就 SEC 拒絕比特幣 ETF 申請的報導（https://www.coindesk.com/sec-rejects-latest-bitcoin-etf-bid）。

The Block 網站及數據（https://www.theblockcrypto.com/data/decentralized-finance/stablecoins）。

美聯儲網站和關於資產負債表的資料（https://www.federalreserve.gov/monetarypolicy/bst_recenttrends.htm）。

摩根大通關於 JPM Coin 的介紹（https://www.jpmorgan.com/solutions/cib/news/digital-coin-payments）。

第 9 章

傳統機構的
躍躍欲試

在刻板印象中，傳統機構對新技術大多比較保守。然而，實際情況是眾多監管機構，包括各國央行在很早以前就開始了區塊鏈方面的研究，對於央行數字貨幣，英格蘭央行在 2015 年就開始公開表態進行研究。2018 年開始，陸續有相關的論文發表出來，表明央行對數字貨幣非常敏銳。新加坡金管局也在 2016 年啟動 Ubin 項目，主要研究分佈式賬本技術對於現代金融系統的影響，包括數字法幣及實時清算系統。對貨銀交付、支付系統採用分佈式賬本的作用，得出了有意義的結論。2019 年 Facebook 發佈了 Diem（舊稱 Libra）計劃，是私營大企業試圖運用區塊鏈進行全球支付網絡的創舉，後來因為監管碰壁而範圍縮減。區塊鏈技術被機構所採納，標誌着向實際應用邁進一步。中國人民銀行的 DC/EP 數字人民幣，雖然沒有採用區塊鏈技術的底層，但是借鑒了區塊鏈的設計思路，也是全球央行數字貨幣家庭的第一個成員，未來會產生深遠的影響。

傳統大型機構和各國中央銀行在過去幾年積極參與區塊鏈的研究和應用，並取得了豐富成果。Diem 項目，提出為數十億人賦能的金融基礎設施。歐央行、日本銀行和新加坡金管局等中央銀行分別開展的研究型項目，探索區塊鏈技術在提升支付系統效率、增強安全性以及普惠金融等領域的應用。中國人民銀行推出的數字人民幣已經在蘇州、雄安、成都和深圳進行測試。

9.1　Diem (Libra)

2019 年 6 月 18 日，Facebook 發起的 Libra 聯盟發佈 Libra 項目白皮書，聲稱要建立一個簡單的全球性貨幣和為數十億人賦能

的金融基礎設施（Libra Association, 2019）。

9.1.1　Libra 1.0 運作機制

Libra 是基於一籃子貨幣的合成貨幣單位。Libra Association 聲稱 Libra 將具有穩定性、低通脹率、全球普遍接受和可互換性。預計 Libra 的貨幣籃子將主要由美元、歐元、英鎊和日圓等組成。Libra 價格與這一籃子貨幣的加權平均匯率掛鈎，儘管不錨定任何單一貨幣，仍將體現出較低波動性。

Libra 發行基於 100% 法幣儲備。這些法幣儲備將由分佈在全球各地且具有投資級的託管機構持有，並投資於銀行存款和短期政府債券。法幣儲備的投資收益將用於覆蓋系統運行成本、確保交易手續費低廉和向早期投資者（即「Libra 聯盟」）分紅等。Libra 用戶不分享法幣儲備的投資收益。

Libra 聯盟將選擇一定數量的授權經銷商，它可以直接與法幣儲備池交易。Libra 聯盟、授權經銷商和法幣儲備池通過 Libra 與法幣之間的雙向兌換，使 Libra 價格與一籃子貨幣的加權平均匯率掛鈎。

Libra 區塊鏈屬於聯盟鏈。Libra 計劃初期招募 100 個驗證節點，每秒鐘支援 1,000 筆交易，以應付常態支付場景。100 個驗證節點組成 Libra 聯盟，以非盈利組織形式在瑞士日內瓦註冊。Libra 聯盟的管理機構是理事會，由成員代表組成，每個驗證節點可指派一名代表。Libra 聯盟的所有決策都將通過理事會作出，重大政策或技術性決策需要三分之二以上成員表決。

Libra Association 沒有披露 Libra 貨幣籃子的再平衡機制、法幣儲備池管理機制以及 Libra 與成分貨幣之間的雙向兌換機制。Libra 面臨市場風險、流動風險和跨境資本波動風險。

　　第一，如果 Libra 法幣儲備池為追求投資收益而實施較為激進投資策略，當 Libra 面臨集中、大額贖回時，法幣儲備池可能沒有足夠的高流動性資產來應對。Libra 聯盟可能不得不「火線出售」法幣儲備資產，可能使資產價格受壓，影響 Libra 系統的流動性狀況甚至清償能力。Libra 沒有中央銀行的最後貸款人支援，如果規模足夠大，擠兌將可能引發系統性金融風險。因此，Libra 的法幣儲備將受到審慎監管，包括債券類型、信用評級、期限、流動性和集中度等方面的要求。

　　第二，Libra 法幣儲備由分佈在全球各地且具有投資級別的託管機構持有，但投資級別不代表零風險，Libra 選擇的託管機構應滿足一定監管要求。如果 Libra 法幣儲備的託管機構中包括一家或多家中央銀行，那麼 Libra 相當於實現了阿德里安（Tobias Adrian）於 2019 年提出的「合成型 CBDC」。

　　第三，Libra 天然具備跨境支付功能，使用時將是跨國境、跨貨幣和跨金融機構的。Libra 將對跨境資本流動產生複雜影響，也將因為這方面的風險而受到審慎監管。

　　第四，如果基於 Libra 的存貸款活動伴隨着貨幣創造，那麼 Libra 應該因其影響貨幣政策的執行，而受到相應監管。

　　Libra 涉及多國、多貨幣，必須滿足相關國家的合規要求。比如，在美國和歐元區發行穩定加密貨幣已有監管框架，將適用於 Libra。比如，USDC 至少要滿足以下合規要求：第一，美國財政部設有金融犯罪執法網絡（FinCEN）的貨幣服務業務（MSB）許可證；第二，經營涉及州的貨幣轉移牌照；第三，美元準備金要存放在受 FDIC 保護的銀行；第四，美元準備金的真實性和充足性要定期接受第三方審計並披露；第五，KYC、AML 和 CFT 等方面的規定，特別是在 AML 和 CFT 方面，反洗錢金融行動特別工

作組（FATF）於 2019 年 6 月 21 日發佈了《虛擬資產和虛擬服務提供者：對基於風險的方法的指引》。

9.1.2　Libra 2.0

2020 年 4 月 16 日，Facebook 發佈 Libra 第二版白皮書，主要有四點變化：1）在一籃子貨幣架構穩定幣外，提供掛鈎單一貨幣的穩定幣類型；2）通過穩健的合規框架，增加 Libra 的支付系統的安全性；3）放棄未來向無許可架構的過渡，同時保持其關鍵的經濟屬性；4）在 Libra 的貨幣儲備設計中，創建強大的保護措施。

Libra 的重大改變是以合規和經濟系統為導向的，甚至經濟也是統一在合規架構下，技術改變（放棄非許可公鏈架構）也是為合規服務。這讓 Libra 從技術產品轉變為一個經濟體架構，為了適應多邊監管而不斷作出取捨。

Libra 2.0 為了建立合規框架，採取了多種手段：1）建立全面合規框架以滿足各地法律需求；2）Libra 相關生態成員要接受 VASP 認證；3）協會成員和指定經銷商要接受 Libra 協會的定期盡職調查；4）對不同類型的用戶加入迥異額度和地址餘額的限制；5）各類約束將以技術方式寫入協議之中；6）整個 Libra 網絡活動要受到監控。

雖然作出重大改變，Libra 仍有可能成為全球基礎金融設施，有兩個方向：1）成為跨境金融結算貨幣。白皮書裏明確表述了："（一籃子穩定幣）≈LBR can be used as an efficient cross-border settlement coin as well as a neutral, low-volatility option for people and businesses in countries that do not have a single-currency stablecoin on the network yet." 而且還列舉美國用戶使用 Libra 網絡

向位於另外一個國家的家人進行匯款的例子。這種功能可以説是開放版的 JPM Coin，或者可以説是零售版的 SWIFT；2) 成為央行數字貨幣 CBDC 的集成網絡和轉換中介。Libra 提出了可以接入各國央行數字貨幣 CBDC 的可能性，當單一國家不適用 Libra 穩定幣，則通過 CBDC 的接入，實現一籃子穩定幣 ≈LBR 成為國際結算中介。比如兩國均選擇使用 CBDC 的情況下，那 ≈LBR 就可以成為不同 CBDC 之間的結算貨幣。

9.1.3　Diem

2020 年 12 月 1 日，Libra 改名為 Diem，數字錢包由 Calibra 改名為 Novi。這兩個名字都與拉丁語有關，"Diem" 的意思是「日」，"Novi" 可以理解為新的方式，改名字是為了獲得監管機構批准時具有獨立性。

對於 Diem 來説，從單一貨幣穩定幣出發，在商業啟動上非常便捷。對美元、歐元、日圓、英鎊和新加坡元等的穩定幣，很多機構在 Libra 聯盟之前就曾經嘗試，監管部門已初步建立起監管框架。

對貨幣當局而言，合法合規的單一貨幣穩定幣主要是一個支付工具，不會有貨幣創造，不影響貨幣主權，金融風險可控。不僅如此，因為區塊鏈的開放性特徵，單一貨幣穩定幣會拓展本國貨幣在境外使用。單一貨幣穩定幣會強化強勢貨幣的地位，侵蝕弱勢貨幣的地位。比如，一些經濟和政治不穩定的國家已經出現了「美元化」趨勢，合法合規的美元穩定幣會進一步增強這個趨勢。儘管 Libra 沒有提到單一貨幣穩定幣在貨幣主權、貨幣替代和貨幣政策等方面的影響，這些影響是不容忽視的。Libra 未來的實際應用情況，在很大程度上取決於市場需求以及 Libra 聯盟投入多少資源。

9.2　全球央行的深入研究

從面向對象和可訪問性的角度來看，央行數字貨幣 (CBDC) 可以分為批發型 CBDC 和零售型 CBDC。批發型 CBDC 的使用限於中央銀行和金融機構之間，不面向公眾，參與者比較少並且都是受到監管的金融機構，風險容易控制。批發型 CBDC 可以提高大額支付結算系統的效率，降低現有支付系統的成本和複雜性。零售型 CBDC 也被稱為一般目標型，面向公眾使用，因此參與者非常多，不可控因素多，對經濟的影響較大。零售型 CBDC 可以提高金融包容度，並擴大普惠金融。

國際清算銀行對全球 66 家中央銀行 (對應全球 75% 的人口和 90% 的經濟產出) 進行調研，發現 15% 的中央銀行在研究批發型 CBDC，32% 的中央銀行在研究零售型 CBDC，近一半的中央銀行在同時研究批發型 CBDC 和零售型 CBDC。下面主要介紹一下歐洲中央銀行和日本銀行的 Stella 項目，以及新加坡金管局的 Ubin 項目。

9.2.1　Stella 項目

Stella 是歐央行 (ECB) 和日本銀行 (BOJ) 聯合開展的研究項目，主要針對 DLT 在支付系統、證券結算系統、同步跨境轉賬、平衡機密性和可審計性等領域的適用性進行研究，Stella 項目已經完成了四個階段的研究工作。下表是 Stella 項目每個階段的研究目標、使用的 DLT 平台及研究結果。

表 13：Stella 項目的四個研究階段			
	研究目標	DLT 平台	研究結果
第一階段	評估現有支付系統的特定功能，例如流動性節約機制（LSMs，Liquidity Saving Mechanisms），是否可以在 DLT 環境中安全有效地運行。	Hyperledger Fabric（0.6.1 版本）	基於 DLT 的解決方案可以滿足即時全額結算系統（RTGS，Real Time Gross Settlement）的性能要求，有潛力增強支付系統的恢復能力和可靠性。DLT 的性能受到網絡規模和節點之間距離的影響。
第二階段	研究兩個關聯償付義務之間的結算，如券款對付（DvP，Delivery Versus Payment），是否可以在 DLT 環境中進行概念設計和執行。	Corda、Elements 和 Hyperledger Fabric	可以在 DLT 環境中進行概念設計和執行，為實現跨賬本 DvP 提供了一種新的設計方法，並且不需要賬本之間有任何連接，但基於具體設計，在 DLT 環境中實現跨賬本 DvP 有一定的複雜性，並可能衍生其他問題。
第三階段	為跨境轉帳提供新型解決方案，提高跨境轉賬的安全性。	中心化賬本採用 Five Bells Ledger，分佈式賬本採用 Hyperledger Fabric	各參與方之間的轉賬方法主要有五種：信任線、使用 HTLC 的鏈上託管、第三方託管、簡單支付通道和使用 HTLC 的條件支付通道。對於安全性，鏈上託管、第三方託管和條件支付通道都有強制性機制。對於流動性效率而言，五種支付方法的排序是信任線、鏈上託管、第三方託管、簡單支付通道和條件支付通道。從技術角度來看，通過使用同步支付和鎖定資金的方法，可以提高跨境轉賬的安全性。
第四階段	平衡交易信息的機密性和可審計性，將應用在 DLT 中的 PETs（Privacy-Enhancing Technologies）進行介紹和分類，並評估交易信息是否可以被經過授權的審計機構，進行有效審計。	Corda、Hyperledger Fabric、鏈下支付通道、Quorum 和 Pedersen 承諾、零知識證明、一次性地址、混幣、環簽名技術	這些技術和平台在未經授權的第三方，是否可以查看和解析發送方、接收方和交易金額的信息及可審計性有一些差異。在很多情況下，有效審計取決於網絡中存在的中心化可信數據來源。但過度依賴中心化可信數據來源，可能會導致審計過程中的單點故障，具體實施方案也會影響可審計性。

資料來源：HashKey Capital 根據歐洲央行和日本央行網站整理

Stella 項目着重於支付系統、證券結算系統、同步跨境轉賬等金融市場基礎設施的研究，同時也對交易信息的機密性和可審

計性進行了大量研究。從這裏可以看出歐央行和日本銀行未來對 DLT 的重點應用方向，Stella 項目並不是用來複製或挑戰現有系統，官方的研究報告中也多次強調 DLT 的實際應用會面臨法律政策的監管。

數字貨幣除了用於支付場景，也會用於金融交易場景。而金融交易場景離不開數字資產、金融交易後處理。不研究金融交易後處理，就不能完整地理解數字貨幣和數字資產。因此，Stella 項目對金融交易後處理進行了很多研究實驗。目前，歐央行和日本銀行並沒有官方宣佈發行央行數字貨幣的計劃，但如果未來歐央行和日本銀行發行央行數字貨幣，Stella 項目的大量研究成果是非常重要的技術積累。

9.2.2　Ubin 項目

新加坡金管局（MAS）的 Ubin 項目已經完成了五個階段的研究工作，研究領域包括新加坡元的 Token 化、支付系統、券款對付、同步跨境轉賬、應用價值等，為進一步在商業場景中的實際應用奠定基礎。Ubin 項目的五個研究階段分別與不同的成員完成了階段目標，下表是五個階段的研究情況：

表 14：Ubin 項目的五個研究階段		
參與單位	DLT 平台	研究方式和結果
第一階段 MAS、美林銀行、星展銀行、滙豐銀行和摩根大通	以太坊私有鏈，節點為 MAS 和銀行	使用全額即時結算系統和 DLT 完成跨行轉賬，解決了轉賬雙方之間的信用風險，同時不存在流動性風險。

	參與單位	DLT 平台	研究方式和結果
第二階段	MAS、新加坡銀行協會（ABS）、埃森哲、11家金融機構和4個技術合作夥伴	Corda、Hyperledger Fabric和Quorum，所有節點部署在微軟的Azure雲端平台	使用 DLT 模擬銀行間即時全額結算系統（RTGS），在保護隱私的前提下，DLT 不僅可以降低單點失效等中心化系統的固有風險，也增加了安全性和不可篡改的性能。
第三階段	MAS、SGX（新加坡交易所）、Anquan Capital、德勤和納斯達克等	Quorum、Hyperledger Fabric、Ethereum、Anquan 區塊鏈和Chain Inc 區塊鏈	使用 DLT 進行 Token 化資產之間的結算，例如在不同的賬本上對新加坡政府證券（SGS）和央行發行的資金存托憑證（CDRs）進行券款對付（Delivery versus Payment，DvP）。DvP 智能合約可以確保投資者同時履行權利和義務，設計中包含多重簽名、智能合約鎖、時間限制和仲裁機構。使用 DLT 可以縮短結算週期，哈希時間鎖智能合約的應用讓資產在鎖定期間不能用於其他交易。
第四階段	MAS 和 BOC（加拿大銀行）的 Ubin 項目和Jasper 項目之間	加拿大的分佈式賬本基於 Corda平台；新加坡的分佈式賬本基於Quorum 平台	使用 DLT 通過哈希時間鎖（HTLC）實現同步跨境轉賬。成功實現了跨境（加拿大和新加坡）、跨幣種（CAD 和 SGD）和跨平台（Corda 和 Quorum）的原子交易。在這個過程中，不需要交易雙方都信任的第三方。
第五階段	MAS、摩根大通、埃森哲和金融業的合作企業	Quorum	摩根大通將企業級區塊鏈平台 Quorum 和數字貨幣JPM Coin 用於開發支付網絡，在 Ubin 項目第五階段的支付網絡上可以使用不同的貨幣。埃森哲對應用案例進行了二次研究，並確定了 124 個應用案例，可以從 Ubin 支付網絡中獲益。

資料來源：HashKey Capital 根據新加坡金管局網站整理

在 Ubin 的研究過程中，新加坡金管局非常重視與其他國家央行、金融機構和科技公司的合作，並大量借鑒和吸取傳統金融領域或現有 DLT 項目的研究成果。在最後一個階段，Ubin 項目專注於證明區塊鏈的應用價值，研究區塊鏈技術在不同行業的應用案例中的使用情況，包括資本市場、貿易和供應鏈金融、保險以及非金融服務。

9.3　數字人民幣 —— 領先全球的央行數字貨幣

2020 年 4 月，中國人民銀行數字人民幣開始在蘇州、雄安、成都和深圳進行測試，未來還將繼續新增上海、長沙、海南、青島、大連和西安六地試點。

公眾擁有和使用數字人民幣，需要通過數字人民幣錢包。錢包的核心是一對公鑰和私鑰，公鑰對應錢包地址。商業銀行在公眾開立數字人民幣錢包以及錢包「了解你的客戶（KYC）」審查中發揮重要作用。

9.3.1　數字人民幣的機制

2020 年 11 月 27 日，中國人民銀行原行長周小川進一步闡述了關於數字人民幣的設想。他提到數字人民幣是一個雙層的研發和試點項目計劃，而非支付產品，最終支付產品將被命名為 e-CNY（數字人民幣）。e-CNY 在一定程度上借鑒了香港特區的發鈔制度，也就是聯繫匯率制（Linked Exchange Rate System，LERS）。

中國人民銀行選擇在資本和技術等方面實力較為雄厚的商業銀行作為指定運營機構（目前是六大行），牽頭提供 e-CNY 兌換服務。這些指定運營機構將類似於聯繫匯率制中的發鈔銀行，或

者間接型 CBDC 中的 CBDC 銀行。

　　e-CNY 基於指定營運機構在中國人民銀行的存款準備金發行，這部分存款準備金類似聯繫匯率制下的外匯儲備，指定營運機構可以獲得中國人民銀行發出的「備付證明書」或「安慰函」。這類「備付證明書」或「安慰函」將類似香港金管局的負債證明書。根據《中國人民銀行法》修訂草案，e-CNY 作為數字形式的人民幣，與實物形式的人民幣，將具有相同的價值特徵和法償性。

　　人民幣紙幣和硬幣是用戶對中國人民銀行的索取權，而e-CNY 不一定構成用戶對中國人民銀行的索取權。因此，對於人民幣紙幣和硬幣而言，中國人民銀行與商業銀行之間是批發和零售關係；但就 e-CNY 而言，中國人民銀行與指定營運機構超越了批發和零售關係。這個安排為指定營運機構牽頭的 e-CNY 兌換服務和推廣應用提供了靈活性，但需要遵循中國人民銀行對 e-CNY 額度的統一管理。

　　中國人民銀行統籌管理 e-CNY 錢包，e-CNY 零售支付由指定營運機構牽頭處理。e-CNY 涉及的批發支付環節，由中國人民銀行處理。因此，e-CNY 在支付和清結算環節類似間接型 CBDC。這樣，中國人民銀行就不用面向零售用戶和場景提供即時全額結算，能有效緩解中國人民銀行在 e-CNY 清結算中面臨的壓力。

　　儘管 e-CNY 不一定構成用戶對中國人民銀行的索取權，但不同指定營運機構兌出的 e-CNY 的互聯互通對貨幣流通秩序至關重要。中國人民銀行主要通過三方面工作保證這一點。

　　第一是價值特徵的互聯互通。中國人民銀行通過對指定營運機構的監管，以及發行準備和資本充足率等方面要求，確保e-CNY 價值穩定並相互等價。

第二是流通環節的互聯互通。中國人民銀行通過完善支付和結算基礎設施，使 e-CNY 能很容易地跨越不同指定營運機構和錢包而流通，用戶也可以很容易地在不同指定營運機構和錢包之間切換 e-CNY 服務。

第三是風險處置的互聯互通。中國人民銀行針對指定營運機構遭遇擠兌或提款出問題等極端情況，提供應急和緊急替代計劃。根據周小川行長的表述，「根據不同的設計方案，央行的責任有所不同」。

9.3.2　數字人民幣跨境支付

境外居民和機構參與數字人民幣跨境支付，只需開立數字人民幣錢包，並藉此直接與中國人民銀行建立聯繫，而無需經過境內外銀行作為中介。因為數字人民幣系統天然具有的開放特徵，開立數字人民幣錢包的要求比開立人民幣存款賬戶要低得多，有助於促進境外居民和機構擁有和使用數字人民幣。境外居民和機構開立數字人民幣錢包要遵循不同於境內居民和機構的 KYC 程序和要求，但站在人民銀行的角度，數字人民幣錢包沒有境內和境外的區別。任何兩個數字人民幣錢包之間都可以發起點對點交易，數字人民幣交易也沒有境內、跨境和離岸的區別。這好比世界上任何兩個人之間都可以用電子郵箱交流，而無需知道電子郵箱的伺服器在哪個國家。總的來說，數字人民幣跨境支付與銀聯卡、支付寶和微信支付在境外使用邏輯完全不用，理論上可以不依賴 SWIFT 對跨境支付信息的處理，有助於維護我國的貨幣主權。

數字人民幣跨境支付可以打開人民幣境外使用的「想像力」。來華旅遊的境外居民可以在不開立我國內地銀行帳戶的情況下開立數字人民幣錢包，享受我國的移動支付服務。反之，只要境外

商家願意接受人民幣，境外商家並不需要在我國商業銀行開立賬戶即可申請開立數字人民幣錢包，我國居民可以使用數字人民幣進行跨境支付。需要看到的是，第一，在跨境支付清算基礎設施方面，數字人民幣並非取代目前的代理行和清算行模式和 CIPS，而是構成它們的補充；第二，境外居民和機構如果要用外幣兌換數字人民幣，就對人民幣可兌換意味着新要求。

數字人民幣跨境支付需要研究兩個問題：第一，在完善 KYC 程序和要求前提下，提高境外居民和機構開立數字人民幣錢包的便利性。第二，如果數字人民幣因境外居民和機構對數字人民幣的需求很高，需要與所在國家的中央銀行合作，以尊重對方的貨幣主權。數字人民幣應以開放友好的方式走向世界。

數字人民幣將助推人民幣國際化。目前，在我國對外貿易中，人民幣結算已有相當高比例，數字人民幣跨境支付將進一步增強人民幣作為國際貿易結算貨幣的功能。但也需要看到，人民幣國際化不僅是一個技術問題，更是一個制度問題。一方面，要發揮數字人民幣對人民幣國際化的助推作用。另一方面，人民幣國際化配套的制度建設要跟上。

除以上傳統機構通過各種方式參與區塊鏈和加密貨幣的「試驗」之外，還有很多商業機構對這個領域也一直躍躍欲試，特別是美國的一些高科技企業，我們這裏把 PayPal 和 Tesla 作為案例分享：

PayPal 如何加入加密貨幣領域？

PayPal 在 2019 年開始參與加密資產，興趣很大而且方式多樣：

- 2019 年，PayPal 曾短暫地加入到 Facebook 的穩定幣項目 Diem（舊稱 Libra）中作為協會成員，後因為監管和合規問題退出。

- 2020 年 10 月，PayPal 宣佈支援加密貨幣交易服務並接受加密貨幣付款，有投行估計至少有 17% 的 PayPal 用戶已經通過 PayPal 購買了加密貨幣。

- 2021 年 2 月 4 日，PayPal 首席執行官 Daniel Schulman 表示正在構建一個區塊鏈和加密貨幣的部門，並重金投入。

- 2021 年 3 月 8 日，Paypal 宣佈收購加密託管商 Curv，Curv 為一家使用安全多方計算（MPC）技術的加密貨幣資產託管服務商。

- 2021 年 4 月 20 日，PayPal 子公司 Venmo 開始向客戶提供加密貨幣交易服務，Venmo 用戶可以直接購買 Bitcoin、Ethereum、Litecoin 和 Bitcoin Cash。

- 2021 年 4 月 29 日，PayPal Ventures 參與了穩定幣發行商 Paxos 的 D 輪融資，該融資估值為 24 億美元，融資額為 3 億美元。

- 2021 年 4 月 30 日，美國加密貨幣交易所 Coinbase 允許用戶使用 PayPal 購買加密貨幣，每天限額 2.5 萬美元。

- 2021 年 5 月 3 日，PayPal 在研究使用自用穩定幣的可能性。

PayPal 作為美國老牌支付公司，也可能是感受到了同行的壓力。比如同作為金融科技公司的 Square，其提供的手機支付軟件 Cash App 早在 2018 年就加入了買賣比特幣的功能，每一個季度大概有接近 20 億美元的交易量。不僅如此，Square 也在 2020 年 10 月宣佈購入了 4,709 個 Bitcoin，當時作價約 5,000 萬美元，並在 2021 年 2 月以 1.7 億美元購入另一批比特幣，截至 2021 年 7 月，其所持 Bitcoin 數量已經高達 8,027 個，當前價值約 4.4 億美元。Square 的創始人為 Twitter 的聯合創始人 JackDorsey，其對於加密資產和區塊鏈的理解更為超前，也是加密資產的長期支持者。

因此，支付公司支持加密貨幣，將成為必然選擇。

Tesla 和加密貨幣

特斯拉（Tesla）和比特幣的故事其實也和其創始人 Elon Musk 有關，2021 年 2 月初，Tesla 表示購買了約 15 億美元的比特幣。在 3 月 24 日，Elon Musk 表示 Tesla 現在可以接受美國客戶使用 Bitcoin 購買電動汽車。在 4 月底，Tesla 的第一季度財報中，表示其已經沽出了 10% 的比特幣，作價 2.72 億美元，比特幣於一季度貢獻了約 1.01 億美元的淨利潤，而 Tesla 的一季度的整體利潤為 4.38 億。截止 2021 年第一季度尾，Tesla 擁有的 Bitcoin 價值 25 億美元。但是事情發展反復，5 月份因為比特幣的挖礦環保問題，特斯拉暫停了接受比特幣支付的服務，後來在 6 月份又表示可以接受比特幣的支付，只要它使用清潔能源挖礦。

在上市公司中，Tesla 並未像 MicroStrategy 那樣「瘋狂」地購入比特幣，但是由於 Elon Musk 的存在和 Tesla 在電動汽車行業的地位，其影響力巨大，並不在於它購買了多少 Bitcoin，而在於一個領先的科技公司，以資產負債表的模式，真實地參與了 Bitcoin 的遊戲，這對於其他科技公司來說，都會有所觸動。

參考資料

歐洲央行關於 Stella Project 階段四的報告（https://www.ecb.europa.eu/paym/intro/publications/pdf/ecb.miptopical200212_01.en.pdf）。

日本央行關於 Stella Project 階段四的報告
（https://www.boj.or.jp/en/announcements/release_2020/rel200212a.htm/）。

Facebook Diem 穩定幣白皮書（https://www.diem.com/en-us/white-paper/）。

新加坡金管局關於 Ubin Project 的介紹（https://www.mas.gov.sg/schemes-and-initiatives/Project-Ubin）。

中國人民銀行介紹數字人民幣基本情況（http://www.gov.cn/xinwen/2020-04/17/content_5503711.htm）。

PayPal 關於比特幣的使用說明（https://www.paypal.com/us/smarthelp/article/cryptocurrency-on-paypal-faq-faq4398）。

CNBC 關於 Tesla 和 Elon Musk 的報導（https://www.cnbc.com/2021/06/14/bitcoin-btc-soars-after-musk-says-tesla-could-accept-the-crypto-again.html）。

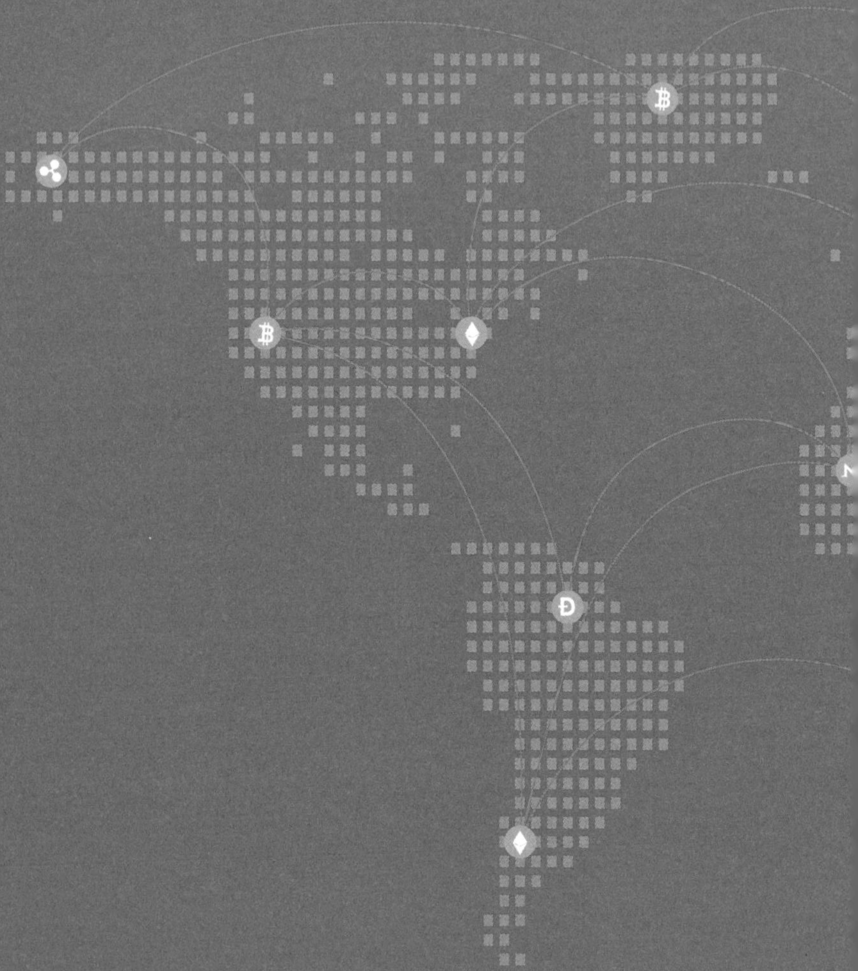

第三部分

框架、策略與實踐

第 10 章

區塊鏈資產
估值方法

　　本章是關於我們如何認識數字資產的一個指南章節。首先我們把加密資產分成證券型、支付型和功能型三類，各類代表不同功能。證券型類似傳統股票的估值，而功能型則類似一種 coupon，分類是為了採用不同估值方法。此外，加密世界也開始引入了衍生產品，這對加密資產起到舉足輕重的作用，也是未來加密付費最重要的一環。我們將主要介紹成本定價法、交易方程式、網絡價值與交易量比率法，以及梅特卡夫定律的運用方法和適用邊界。總的來說，加密資產市場還處於早期發展階段，每種估值方法都存在很大缺陷和局限性。隨着加密資產市場的成熟，這些估值方法還會進一步發生變化。不同於已有幾百年歷史的成熟股票市場，加密資產問世僅十多年，有效數據還非常少，主流的估值方法還沒有發展成型，不能盲目套用股票領域的估值模型，需要結合加密資產和區塊鏈自身具有的特點去分析和研究。此外，要注意共識的價值，這是導致加密資產價值膨脹且波動的主要因素。

10.1　加密貨幣的分類

　　由於區塊鏈項目涉及的領域非常廣泛，發行方式也各不相同，因此國際社會對於加密貨幣的屬性一直沒有統一的定論，甚至在同一國家內部也有不同的聲音。從當前的分類方式來看，加密貨幣主要被劃分為證券型、支付型和功能型。

10.1.1　證券型加密貨幣

　　證券型加密貨幣按照傳統的證券監管方式進行管理。在這種情況下，加密貨幣發行和交易都要遵守所在國的證券法。至於判

斷加密貨幣是否屬於證券，各國政府之間並沒有統一標準。

以美國為例。美國證券交易委員會 (SEC) 使用豪威測試 (Howey Test) 來判斷一種金融工具是否屬於證券，共包含四個標準：1) 有資金投入；2) 投資於一個共同事業；3) 期待從投資中獲取利潤；4) 利潤的產生源自發起人或第三方的努力。

在豪威測試中得分愈高，說明該金融工具的屬性愈接近證券。2019 年 4 月，SEC 基於豪威測試發佈了一份數字資產投資合同分析框架，為判斷加密貨幣是否屬於證券提供官方指導。SEC 認為，目前市面上大多數加密貨幣都滿足「有資金投入」和「投資於一個共同事業」這兩項標準。對於另外兩項標準，SEC 指出，如果加密貨幣的發展依賴某公司或中心化實體的努力，並且購買者存在從投資中獲得合理利潤的預期，那麼這種加密貨幣就被視為證券。需要指出的是，如果某種加密貨幣的去中心化程度足夠高，有明確的應用場景，並且價格變化與應用情況相關（而不是來自投資者對利潤的預期），那麼這種加密貨幣就不屬於證券。SEC 已經證實比特幣和以太坊不屬於證券。

10.1.2 支付型加密貨幣

支付型加密貨幣也被稱為交易型加密貨幣，這種類型的加密貨幣可以作為交易工具購買商品和服務，比較典型的支付型加密貨幣包括 BTC 和 ETH 等。支付型加密貨幣的去中心化程度較高，在全球範圍的接受程度較廣，其發行和交易環節不需要政府部門監管，但監管部門需要在反洗錢、反恐融資等領域作出相關規定。

10.1.3 功能型加密貨幣

功能型加密貨幣也被稱為應用型加密貨幣，各國監管部門並

沒有給出功能型加密貨幣的判斷標準。借鑒美國證券交易委員會對證券型加密貨幣的判斷方法，假如某個加密貨幣在豪威測試中得分較低，那麼這種加密貨幣的證券屬性也比較低，就可能會歸入功能型加密貨幣的分類。

功能型加密貨幣是項目方為自己提供的服務或者產品而發行的，主要應用於項目生態內部，應用範圍比較小。一般來說，項目方發行功能型加密貨幣的目的是為了募集資金，這在某種程度上類似服務或者產品的預售。同時，項目方在設計上會限制功能型加密貨幣的升值空間，鼓勵用戶使用而不是投機。例如，以太坊或 EOS 等智能合約平台上的某個遊戲或博彩項目發行了一種加密貨幣，僅可在該遊戲或博彩中使用，購買者的目的就是從中消費，這可視為一種功能型加密貨幣。

除了證券型、支付型和功能型這三類劃分以外，加密貨幣還會被視作商品。2013 年 12 月，中國人民銀行等五部委發佈的《關於防範比特幣風險的通知》中，將比特幣視為一種存在較大風險的虛擬商品。美國商品期貨交易委員會（CFTC）認為加密貨幣具備《商品交易法》中商品的特點。2017 年 10 月，CFTC 發佈了《關於虛擬貨幣的入門指南》，將加密貨幣定義為大宗商品。

10.2 加密貨幣估值模型

隨着加密貨幣的迅速發展，對加密貨幣項目的估值研究也愈來愈多，主要估值模型包括成本定價法、交易方程式、網絡價值與交易量比率法（NVT）和梅特卡夫定律等。

10.2.1 成本定價法

成本定價法是最直觀的加密資產估值方法，其核心理念是將加密資產的生產成本視作加密資產價值的下限指標。只有當生產成本低於或等於加密資產的市場價格時，生產者才會繼續生產；而當生產成本高於加密資產的市場價格時，理性的生產者會停止生產，防止持續虧損。以比特幣為例，礦工是比特幣生態中的生產者，生產成本包括電費、礦機成本、維護費和人工費等，其中電費佔很大比例。當比特幣的市場價格高於生產成本時，礦工才會持續參與。

成本定價法只能對採用 POW 共識算法的加密資產進行估值。對於採用 POS、DPOS 和 PBFT 等其他共識算法的加密資產項目，不需要使用電力進行挖礦，成本定價法不適用。後面幾類項目的成本主要體現為參與共識算法需要鎖定權益，而且是暫時放棄根據市場情況出售權益的權利，會造成流動性成本。流動性成本很難量化，既與鎖定權益的數量和時間正相關，更與持有權益的策略有關。

然而，成本定價法中假設礦工只受到利潤預期的激勵，這是一種過度的簡化。礦工進入市場不是一個完全無摩擦的過程，礦工需要買礦機、建礦場、與電廠簽署協議等。在前期投入大量時間和金錢後，短期的虧損不會讓礦工立刻關機離場。如果一個礦工持續虧損，它肯定有退出市場的壓力，但每個礦工退出的壓力點並不相同。礦工之間的競爭不是平等的，不同礦工的電費成本、礦機成本和礦機性能會有明顯差異，因此他們的生產成本也不相同。

比特幣的生產成本支撐比特幣價格的說法也受到了很多的質疑。在既定時間內，比特幣的供給由算法事先確定，與投入挖礦的算力沒有關係。如果比特幣價格上升，會有更多算力投入挖礦，

但比特幣供給並不會增加，比特幣價格不會受到平抑。此時，更多算力競爭既定數量的新比特幣，比特幣的生產成本會上升。同理，如果比特幣價格下跌，投入挖礦的算力會減少，但比特幣供給並不會因此減少，價格不會受到支撐。此時，較少算力競爭既定數量的新比特幣，生產成本會下降。

總的來說，成本定價法有很大的局限性，但對於手中有大量挖礦數據資料的礦工來說，成本定價法仍然可以為他們提供一個有用的估值下限參考指標。

10.2.2 交易方程式

交易方程式的表達形式是 M・V = P・Q（其中 M 表示貨幣數量、V 表示貨幣使用次數、P 表示價格、Q 表示商品和服務的交易總量）。Burniske 使用交易方程式為加密資產估值，他認為加密資產的網絡價值（M）與其支撐的經濟規模（P・Q）成正比，並與其使用次數（V）成反比，即：M = P・Q/V

由上式可知，為未來預期的代幣網絡價值（M）進行估值時，需要先得到預期時間內的價格（P）、交易量（Q）和使用次數（V）。得到網絡價值後，如果想對單個代幣進行估值，可以用網絡價值除以代幣的流通數量。同時，考慮到代幣的未來價值和預期風險，需要用到現金流貼現法，並選擇合適的貼現率。

交易方程式通常用來對應用型代幣（Utility Token）進行估值。以加密資產交易所的平台幣 A 為例：第一，計算未來五年內，A 支撐的每年經濟規模（P・Q）；第二，計算每個 A 的使用次數（V）；第三，通過公式 M = P・Q/V 計算得到 A 每年的網絡價值（M）；第四，預估 A 每年的流通數量；第五，使用每年的網絡價值除以流通數量，得到未來五年單個 A 的價值；第六，選擇合適

的貼現率，通過現金流貼現法計算當前 A 的價值。

在使用交易方程式過程中，由於難以獲取或計算數據，會用到大量的假設，例如市場規模、市場佔有率等，這會令經濟規模（P·Q）的計算非常困難。同時，代幣的使用次數（V）很難精確計算，通常是取一個估計值。但 V 會受到用戶的使用頻率、對未來幣價的預期、項目的激勵等多重因素的影響，這些因素已經超過經濟學的範疇，無法提前預知。特別是加密資產市場本身就處於早期階段，經驗數據非常有限，V 的預估值很可能也是不準確的。

交易方程式通常用來為應用型代幣進行估值，但加密資產市場上有應用場景並且大規模使用的應用型代幣數量很少，很多加密資產的持有者的動機是投機而不是使用。目前，比較合適的估值對象是交易所平台幣。

10.2.3 網絡價值與交易量比率法

網絡價值與交易量比率法（NVT）表示網絡價值與交易量之間的比值，其核心理念是衡量網絡價值與網絡使用價值之間的比值。NVT 模型認為轉賬交易是加密貨幣的主要使用價值，因此 NVT 模型選取交易量作為基本面指標。

NVT 的計算比較簡單。分子是加密資產的網絡價值，類似上市公司的總市值；分母表示交易量，主要是衡量加密資產的鏈上交易量，交易量用法幣計算。由於很多加密資產的每日鏈上交易量變化較大，為了平滑 NVT 的波動，在計算過程中一般選取一段時間內交易量的平均值來計算。

NVT 是一種相對估值的方法。對比不同加密資產項目的NVT，如果某個加密資產項目的 NVT 明顯偏高，那麼可以簡單判斷這個項目存在被高估的可能性。

需要指出的是，NVT 模型也存在諸多缺陷。首先，很難確定一個基準值來判斷加密資產項目是否被高估。其次，不同時間段的計算結果會有很大的區別，例如分別計算 30 天 NVT 和 90 天 NVT，兩者的計算結果不同，會影響判斷結論和有效性。同時，NVT 只計算鏈上交易量，但有些交易並非在鏈上發生，這會造成實際交易量被低估，例如在比特幣閃電網絡發生的交易。最後，NVT 模型也沒有考慮到當前加密資產的主要使用場景是在交易所進行交易（而非鏈上支付），而中心化交易所的交易是不會在鏈上留下對應的交易記錄。

10.2.4 梅特卡夫定律

梅特卡夫定律是一個關於網絡價值和網絡技術的發展的定律，其核心理念是：一個網絡的價值與該網絡內用戶數的平方成正比。也就是說，一個網絡的用戶數愈多，那麼整個網絡的價值也就愈大。由於貨幣具有網絡效應，加密資產的用戶和使用場景愈多，其價值也會愈高。因此有觀點認為，從中長期來看，梅特卡夫定律可以用於評估加密資產的網絡價值。

梅特卡夫定律最初的表達形式為：$NV = C \cdot n^2$（其中 NV 表示網絡價值、n 表示用戶數量、C 表示係數）。在評估加密資產項目時，n 可以取每日活躍地址數。研究人員在將梅特卡夫定律應用於加密貨幣時，提出了幾種改進形式，包括 $NV = C \cdot n^{1.5}$ 和 $NV = C \cdot n \cdot \log(n)$ 等。

梅特卡夫定律僅限於長期趨勢性指導。從短期來看，梅特卡夫定律的有效性受到質疑，幾種表達形式都相對比較簡單，只能在某些特定時間段內與加密貨幣的價格曲線擬合得比較好。梅特卡夫定律的理念是所有節點之間都實現互聯互通。但對於加密資

產來說，每個用戶在生態中只會與有限的其他用戶發生信息和價值的交互，甚至有些用戶出於安全考慮，會主動減少與其他用戶的聯繫。

10.2.5 影響加密貨幣估值的因素

以上列舉的加密貨幣估值方法，從相對靜態或者短期給出了加密貨幣的估值框架。具體運用上，由於加密貨幣本身價格變化非常受情緒影響，另外決定加密貨幣本身的一些基本面因素變化也非常快，價格和基本面因素形成了相互影響的過程。

（1）指標因素

以比特幣為例，每天的交易量、網絡上的轉賬數，以及活躍地址數等基本因素一般可以度量某一天的市場情緒情況。此外，如果考慮到加密貨幣在一般錢包和交易所之間的流通，就更加能對價格作出方向性判斷，即流入交易所一般會形成賣壓，而流出交易所則賣壓會減小。

SEBA 曾就一些 BTC 的網絡作出分析，提出了一個比較簡化的模型[1]：

$$P_t C_t = U_t^n \, H\,(d_t)^i \left(\frac{C_t}{C}\right)^s \left(\frac{C_t}{T_t}\right)^g \tag{1}$$

P_t 是單位價值、C_t 是流通數量、$P_t C_t$ 即網絡的流通市值、U_t^n 是網絡用戶數、$H\,(d_t)^i$ 是哈希比率、C_t/C 是流通比率、T_t 是交易的比率。

（1）式經過變形，可以得到：

$$p_t + c_t = b_0 \left(1 - \frac{c_t}{c}\right) + b_1 u_t + b_2 h_t + b_4\,(t_t - c_t)$$

1 　SEBA 的具體模型可以參考此篇文章：https://www.seba.swiss/research/A-new-fair-value-model-for-Bitcoin

對該式使用極大似然估計法的回歸方程，使用過往 3,613 天的數據，可以得到：

表 15：比特幣回歸分析統計結果						
觀察值	3,613		s=1.84	i=0.1		
R^2	0.9989		n=1.26	g=0.06		
調整 R^2	0.9986					
變量	參數	標準誤差	t 統計	P 值	95% 置信區間	
m_t	-31.05	1.09	-28.52	0.00	-33.19	-28.92
u_t	1.26	0.04	34.46	0.00	1.19	1.33
h_t	0.10	0.01	8.15	0.00	0.07	0.12
t_t-c_t	0.06	0.03	-2.43	0.02	-0.11	-0.01

資料來源：載於 SEBA 網站上的資料

解釋能力 R^2 達到了 99%，非常驚人，可能也找不到解釋度如此之高的其他模型了。引用這個模型的意義，不在於這個模型有多麼匹配比特幣。比特幣網絡的參數非常之多，各個都可能成為因變量，或者是自變量，如果把每一個參數都納入線性方程，解釋度一定非常之高，但也會造成「多重共線性」。

介紹這個模型的意義，並不在於精準為 BTC 定價，而在於了解 BTC 的決定性因素。線性模型自變量愈多愈好，這個模型的優美之處在於只用了三個最主要的量：即用戶數、哈希比率和交易數量。（因為流通佔比不會每天劇烈變化。）

這個模型是一種動態定價，即根據用戶數、哈希比率和交易數量直接觀測 BTC 網絡價值，而不是一種靜態的定價範式。我們用這簡單的模型進行簡化，三個參數套用在以太坊上，效果就沒那麼理想：

表 16：以太坊回歸分析統計結果			
三年		五年	
相關系數	0.966	相關系數	0.730
R^2	0.934	R^2	0.532
調整 R^2	0.934	調整 R^2	0.532

資料來源：HashKey Capital 整理

雖然 R^2 範圍可以接受，但是標準誤差太大，表示變動可以預測，但是精度不夠，波動範圍過大。

此外，哈希是 POW 型鏈的特有參數，在大部分鏈已經開始採用 POS 以後，就不會有一個類似的值出現，所以該模型是一個針對比特幣這種價值儲存 POW 型獨有的模式。以太坊雖然也是 POW，但兩年來其 DeFi 生態指數式成長，ETH 已經不是一種可以用價值儲存去框定的網絡了，所以其模型還有待考察更多因素。

（2）情緒模型

在數字貨幣缺乏一定的基本面時，有人也轉向情緒模型。比如市場上知名的 Alternative Index 就用六個變數來描述市場情緒變化：波動率（25%）、動量（25%）、社交媒體（15%）、調查（15%）、市佔率 (10%) 和 Google 趨勢（10%）。

我們把 BTC 市值和這個 Alternative 模型進行回歸分析，結果如下：

表 17：比特幣和情緒指標回歸分析統計結果	
三年回歸	
相關系數	0.641
R^2	0.411
調整 R^2	0.411
標準誤差	15.912

三年回歸	
觀測值	1,056

資料來源：HashKey Capital 整理

雖然解釋能力不及之前的 SEBA 模型，但也有一定説服力，表明比特幣的價格波動至少有 40% 可以用情緒來表示。SEBA 模型裏，用戶數和交易數其實也是一種市場情緒的體現。

（3）DeFi 代幣收益特徵淺析

我們這裏作出非常初步的分析，嘗試尋找 DeFi 代幣價格收益的波動源於哪些因素。這裏我們採用 Zayn Khamisa 在 "An analysis of the factors driving performance in the cryptocurrency market[2]" 中使用的方法。

作為因變量，DeFi 代幣不會選用任何單一代幣，以防止其大幅波動影響過大。我們選用交易所 FTX 上的 DeFi 指數作為因變量，其中包含了 11 種 DeFi 類代幣。

我們選取幾類自變量：一是 DeFi 挖礦收益率；二是 BTC 價格；三是 ETH 價格；四是大型 Altcoin 指數 Alt；五是中型 Altcoin 指數 Mid；六是小型 Altcoin 指數 Small。

自變量和因變量全部選用日收益率（即日變動率），已經過平穩處理，因此可以採用 OLS 的回歸方法，仿照 Zayn Khamisa 文章中的做法。以下是模擬結果：

2　參考資料：https://www.researchgate.net/publication/333967521_An_analysis_of_the_factors_driving_performance_in_the_cryptocurrency_market_Do_these_factors_vary_significantly_between_cryptocurrencies。

回歸統計			系數	標準誤差	t 統計	P 值
表 18：DeFi 收益率和變數回歸分析統計結果						
		截距	0.00348	0.00521	0.66670	0.50546
		Yield	(1.06660)	1.73008	(0.61650)	0.53802
相關係數	0.808	BTC	0.38072	0.07218	5.27448	0.00000
R^2	0.652	ETH	(0.30677)	0.07749	(3.95903)	0.00009
調整 R^2	0.645	Alt	0.11421	0.09391	1.21618	0.22484
標準差	0.033	Mid	0.21367	0.08300	2.57434	0.01051
觀測值	316	Small	0.49295	0.07088	6.95483	2.10995E-11

資料來源：HashKey Capital 整理

我們發現四個變量影響顯著 (P value < 0.05)，所以簡化如下：

$$R_{DeFi} = 0.38 \, R_{BTC} - 0.31 \, R_{ETH} + 0.21 \, R_{Mid} + 0.49 \, R_{Small} + Alpha + \varepsilon$$

我們對這個收益率模型的理解如下：

1) DeFi 和 BTC 的收益是正相關的，但是和 ETH 的收益是負相關的，這其實是有點反直覺的。如果非要找到解釋，ETH 的價格上升會令到 gas 費上漲，進而影響 DeFi 的使用體驗。但是 BTC 和 DeFi 的同步確實出乎意料，而且影響比中型山寨幣的指數還要大，這似乎只能從資金擴展的角度來解釋，但是無法解釋 DeFi 和 ETH 的負向相關。

2) DeFi 幣的收益和中、小型山寨幣的收益極其類似。

3) 本模型的因變量設置也有一些不足，因為沒有挖礦收益率的資料，我們採用隨機序列替代，但如果有真實的收益率則可以做的更精細一點。目前看不到任何很強的聯繫，也可能和品種多、收益率多樣有關係。理論上，挖礦收益率將會是一個按照日期及品種張開的平面。

4) 模型的解釋能力達到了 0.645，也就是說接近三分之二的

變動可以被解釋，還有三分之一左右的變化不可以被解釋，這也可以歸因於 DeFi 類代幣收益的 Alpha。大致有四個收益來源：第一個就是公平上線程度，社區給予去中心化項目愈高的評價，如創始人和團隊沒有初始代幣分配或者預挖；第二個就是純粹的估值因素，新的題材總是受到市場的熱捧，估值自然變高；第三個預計是長期穩定的挖礦收益，邏輯上挖礦收益愈高，購買力愈大，代幣愈有價值，類似一種固定收益產品；第四個是項目的基本面，包括技術基礎、團隊、代碼品質、社區活躍度、長期營運時間等。

5) 也可以加入更多的自變量，比如其他外部因素。但由於 DeFi 代幣的小眾性，選取其他如 Zayn Khamisa 在文章中選用的 VIX、石油、黃金等，我們覺得意義不大。如果其他自變量比較明確，就可以從 Alpha 中進一步剝離因子。

（4）DeFi 的相對估值

DeFi 已經形成一個相對完整的行業，也有機構提出使用相對估值法來確定 DeFi 的估值，因為 DeFi 的手續費透明，可以用類似市盈率（P/E）（實際是市銷率，P/S）的方法，以下是 Eloise 給出的統計：

表 19：DeFi 基本面數據						
代碼	去中心化交易所	價格	費率(%)	24 小時交易量	年收益	市盈率
BAL	Balancer	$2.08	0.33%	$1,268,773,611	$1,520,041,392	5.80
COMP	Compound	$317.00	5.72%	$495,295,841	$462,620,000	3.37
DODO	https://dodoex.io/	$1.27	0.08%	$76,159,977	$23,160,167	7.18
AAVE	Aave	$426.00	5.76%	$17,164,913	$360,963,097	9.65
RUNE	Thorswap	$12.81	N.a.	$4,623,094	$170,945,242	13.25
MKR	Maker	$3,666.00	4.34%	$9,402,149	$148,976,441	16.24

代碼	去中心化交易所	價格	費率 (%)	24 小時交易量	年收益	市盈率
SUSHI	SushiSwap	$10.19	0.05%	$507,048,395	$92,536,332	17.09
SNX	Synthetix	$16.64	0.29%	$75,816,235	$81,504,592	16.32
UNI	Uniswap	$26.59	0.05%	$2,670,014,698	$487,277,682	22.00
REN	RenVM	$0.48	0.16%	$28,363,082	$17,010,142	21.25

資料來源：載於 CryptoMonk 的網站的資料（2021 年 6 月閱覽）

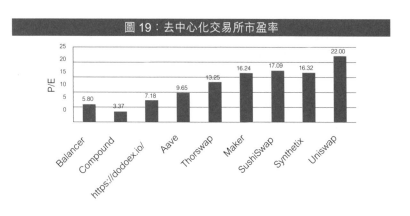

圖 19：去中心化交易所市盈率

資料來源：載於 CryptoMonk 的網站的資料

可以看到 DeFi 的 P/S 範圍可以從 0.05-66.58，範圍非常之大。當以後有更多 DeFi 項目，估值的種類就可以相對確定了，而且可以按照 DEX、Lending、合成資產等細分行業進一步估計。這是一個很好的框架，但是和證券一樣，估值只是一個框架，不是一個結果。

總的來說，加密資產市場還處於早期發展階段，每種估值方法都存在很大缺陷和局限性。隨着加密資產市場的成熟，這些估值方法還會進一步發生變化。

　　不同於已有幾百年歷史的成熟股票市場，加密資產問世僅十多年，有效經驗數據還非常少，主流的估值方法還沒有發展成型，不能盲目套用股票領域的估值模型，需要結合加密資產和區塊鏈自身具有的特點去分析和研究。從加密資產自身的特點出發，共識是一個重要的基礎，共識的範圍和程度會影響供求關係，並進一步影響加密資產的價值。

　　同時，每個加密資產項目的主要特徵和影響市值的因素並不一樣，項目的願景、開發進度、團隊成員、代幣的流通數量、活躍地址數量等因素都可能會對加密資產項目的市值造成影響，不同的項目需要不同的估值模型，並不會有一個普適性的估值模型。

　　無論估值方法和模型的最終形式如何，本質上還是需要加密資產自身具有價值。但目前市面上大量的加密資產缺乏可行的商業邏輯，不能真實地捕獲網絡價值，從而導致加密資產的價值得不到有效支撐，價格變化主要來自市場流動性的影響，而缺乏基本面方面的支撐。

參考資料

〈SEBA：關於比特幣合理估值的模型〉（https://www.seba.swiss/research/A-new-fair-value-model-for-Bitcoin）。

〈加密貨幣的市盈率〉（https://medium.com/coinmonks/p-e-ratio-for-cryptocurrencies-63dad08d26fc）。

DeFi 項目資料（https://docs.google.com/spreadsheets/d/190CBcTbslEb9s8acBpmdxi37MNJgWuxD7RWIHNiC22g/edit#gid=1854123932）。

比特幣情緒指數（https://alternative.me/crypto/fear-and-greed-index/）。

〈加密貨幣市場價格驅動因素分析〉（https://www.researchgate.net/publication/333967521_An_analysis_of_the_factors_driving_performance_in_the_cryptocurrency_market_Do_these_factors_vary_significantly_between_cryptocurrencies）。

第 11 章

區塊鏈資產投資
管理框架

本章我們介紹區塊鏈資產投資管理框架。從採用的原則而言，區塊鏈資產管理與傳統資產管理基本相同，做區塊鏈 VC 對標傳統 VC，做數字貨幣對沖可以對標傳統基金。實際上，區塊鏈資產管理比傳統資產管理更加負責，因為融入了 Token 元素，可投資標的範圍打開了，難度、操作性和管理要求也提上來了。由於 Token 市場一二級界限模糊，比特幣等主流數字資產的超高回報也給基金管理造成了壓力。另外一個就是合規、正規、透明的區塊鏈投資機構，不僅要在不成熟的監管框架下摸索，也要在極不成熟的服務商之間取得最佳解決方案，這都給區塊鏈資產管理帶來挑戰和難度。站在投資基金的角度，區塊鏈資產的投資與傳統金融領域有着極大的相似性，也可以分為「募」、「投」、「管」、「退」幾個階段。

11.1 「募」──投資機會與資產配置

在募資的過程中，最重要的是向投資人展示現有的行業機會，也就是回答投資人「為甚麼要投資區塊鏈基金」。

11.1.1 宏觀背景：區塊鏈賽道機會處處

區塊鏈基金的募集首先是要讓投資人認識到區塊鏈領域的價值與機會，即目前是區塊鏈領域天時地利人和的階段。

天時：首先是現有的監管環境已經到位，前幾年全球各國都開始出台區塊鏈以及加密資產相關的政策。而近幾年，在美國、中國香港和新加坡等全球主要金融市場，相關政策變得更加明晰，這也意味着投資人可以通過更多合規的渠道參與市場。同時，針對穩定幣、證券幣、託管、資產管理、交易等等細分領域，也都有了明確的監管框架，整個行業已經朝向合規化的方向發展。而監

管其實也是一個全球化的工作,各國監管框架其實也有相通之處,一旦有一個國家的政策明朗化,其他國家都會相繼效仿。很多國際組織,比如國際證監會組織、G20、FATF 等等,也都開始了全球化監管政策研究的工作,並會定期進行國家與國家之間的交流。在未來,整個行業還會朝着更加正規的方向演變,這對於基金來說也無疑是一劑強心針。

2019 年 5 月,由世界主要國家的證監會組成的國際證監會組織(IOSCO)發佈了一份題為「與加密資產交易平台有關事宜、風險及監管的考慮」的諮詢文件。該文件就 IOSCO 已確定的有關加密資產交易平台(Crypto-Asset Trading Platforms)的一系列事宜、風險及其他主要考慮徵詢公眾的意見。國際證監會組織主要從證券資產、證券投資交易的角度監管金融行為,此次關於加密資產的徵詢及建議內容如:怎樣的代幣發售需要登記為證券、怎樣的交易平台需要持有證監會頒發的牌照等等。

2019 年 5 月 22 日,國際政府間反洗錢金融行動特別工作組(FATF)也向成員國發出關於 VASP(Virtual Assets Service Provider)的監管指引,要求數字貨幣交易所、錢包提供商等執行與傳統金融業類似的 KYC/AML 流程,甚至與銀行一樣實施數據遷徙運行規則(Travel Rule),即數字貨幣交易所在相互轉賬時也必須相互通報客戶信息。FATF 與國際證監會組織不同,它的監管框架是從反洗錢出發,監管資金的流動。從監管範圍上來看,反洗錢的監管要比證券相關的監管範圍更廣,也更加底層。

這兩個政府間國際組織雖然沒有執法權,但卻有各國政府間形成的默契和自我約束的行為規範。若有成員國未按照約定的規範行事,其他國家可能會拒絕跟該國進行金融往來。所以說,國際證監會組織和 FATF 此類監管指引極有可能成為一個國際通用

的監管標準。

目前亞洲監管方向較為明晰的有中國香港和新加坡。

香港最初於 2018 年 11 月發出了《有關針對虛擬資產投資組合的管理公司、基金分銷商及交易平台營運者的監管框架的聲明》，附《適用於管理虛擬資產投資組合的持牌法團的監管標準》、《可能規管虛擬資產交易平台營運者的概念性框架》、《致中介人的通函 —— 分銷虛擬資產基金》，提出了針對數字資產投資、交易等相關業務的基礎監管框架，並於 2019 年 3 月發佈了《有關證券型代幣發行的聲明》，進一步針對證券代幣的監管作出解釋。此後，又採取了 FATF 的建議，可能將對任何參與數字資產的平台包括 OTC、錢包、轉移支付、託管、相關金融服務（如數字資產發行）等全部進行規管。

香港數字資產服務商 OSL 在 2020 年 12 月份拿到香港證監會頒發的虛擬資產交易所牌照，2021 年 1 月初其母公司 BC Group（863.HK）就拿到了機構投資者的配售投資，而早在 2020 年 2 月，BC Group 就拿到了全球最大的資產管理公司之一 —— 富達國際（Fidelity International）的配售投資，顯示了監管的變化不僅令從業者感到鼓舞，也成功吸引了機構投資人的目光。

新加坡對數字貨幣的監管也歷經了幾年時間。在證券監管範疇下，MAS 最早於 2017 年 11 月 14 日發佈了《數字代幣發行指南》（*A Guide to Digital Token Offerings*），提出對資本市場類資產發行以及服務的監管指導建議，又於 2018 年 11 月更新該指南，細化了各類需要監管的業務場景。另外，在反洗錢的監管範疇下，2018 年 11 月 19 日，包含數字貨幣監管方式的新加坡《支付服務監管框架》（*Payment Service Bill*）首次提交國會進行一讀研究。歷經一個多月，2019 年 1 月 14 日，MAS 官網公佈了這一框

架與《支付系統法案 (PSOA)》(2006) 和《貨幣兌換和匯款業務法 (MCRBA)》(1979) 共同合併為《支付服務法案》(*Payment Service Act*)。對於數字貨幣市場，《支付服務法案》將從風控和合規兩個方向對在新加坡的數字貨幣交易所、數字錢包等進行全面監管。其監管的角度也是從 AML 的角度出發，與 FATF 提出的 VASP 監管框架非常類似。

地利：近幾年也是區塊鏈基礎設施愈來愈完善的時期。底層公鏈性能基本穩定，以 DeFi 為代表的去中心化應用已有爆發之態，且已經出現了一些相對大規模的應用，比如去中心化借貸。同時以波卡生態為代表的 Web 3.0 也開始初露頭角，已經做好了向下一代互聯網衝刺的準備。可以說區塊鏈已經完成了從 0 到 1 的蛻變，正準備開啟從 1 到 100 的爆發。

以太坊的智能合約平台出現，一開始也只是被開發成去中心化遊戲，但是 2017-18 年開始的項目，在 2020 年變成了洶湧澎湃的 DeFi 浪潮。公有區塊鏈的應用特性開始變得可行，即 2017-18 年的目標開始慢慢實現，雖然這只是在以太坊上。

此外公鏈的參與者，除了 crypto native 的選手以外，像 Facebook 發起的 Diem（前稱 Libra）也加入到基礎設施的陣營中來，還不要提央行數字貨幣這些更龐大的選手。

人和：目前大量主流機構已經進場，也有大量傳統金融和互聯網領域的從業者進入了區塊鏈領域，行業參與者逐漸專業化，與「人」相關的風險大大降低。同時基金的管理和投資也逐漸專業化，不再是小作坊式作業的草莽時代。

從 2020 年 8 月起，多家上市公司宣佈購買了比特幣作為資產，如 MicroStrategy、Square、PayPal、美圖、特斯拉、Nexon等等。據統計，截至 2021 年 4 月，全球有超過 20 家的上市公司

購買了比特幣。同時，也有更多公司業務涉及加密資產。

圖 20：上市公司購買比特幣時間點（2020 年 6 月至 12 月）

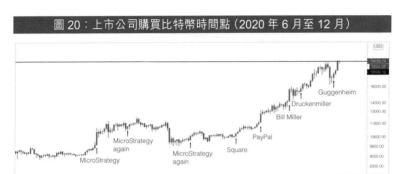

資料來源：載於 fxstreet 網站上的資料

比如以 PayPal、Square 為代表的支付類機構，直接支持在自己的平台上購買比特幣，為美國的個人用戶提供了門檻極低的投資渠道。

也有特拉華州法定信託基金（Delaware Statutory Trust）這樣的信託架構，自身持有比特幣並以基金份額代表數字貨幣。這種模式與 Grayscale 的比特幣信託產品相似，為高淨值用戶以及更大的資金持有者提供了一個合規的入場通道。

另一類是傳統金融的機構，尤其是像 SEBA/Sygnum 這類在瑞士拿到牌照的數字貨幣銀行，可以完全合規地為客戶提供 on-ramp 服務，於是需要大量持有加密貨幣，為用戶提供流動性。

各類機構參與的形式也是多種多樣：

- 傳統投資人 Paul Tudor Jones 直接通過交易所 CME 買入比特幣期貨入場。
- MicroStrategy 披露通過 Coinbase Prime 購買比特幣。
- 美國萬通互惠人壽保險公司（MassMutual）為一般投資賬戶（General Investment Accounts）購買了價值 1 億美元的

比特幣，通過紐約基金管理公司 NYDIG 完成。

- Square 的 Cash App 於 2019 年第三季度，比特幣的購買量還只有 1.8 億，到了 2020 年第三季度，比特幣單季購買量已經增加到 16.3 億，增加了 8.3 倍。而 Cash App 的 MAU 估計在 3,000-4,000 萬量級，2019 年第二季度為 1,500 萬，購買量比用戶增長快很多。Square 披露了用資產負債表購買比特幣選用的 Venue 美國幾個 OTC 服務商：itbit、Genesis 和 Cumberland。

- PayPal 已經獲得了紐約州金融管理局頒發的有獨家條件的 BitLicense，這和 Coinbase 諸多合規加密貨幣交易所的牌照一致。PayPal 與 Paxos Trust Company 合作提供加密貨幣買賣轉換服務。目前客戶已經可以在 PayPal 上購買加密貨幣，但還不能進行加密貨幣的支付和轉賬。在 2021 年，PayPal 將允許客戶通過 Venmo 對商家以數字貨幣作為支付手段，PayPal 完成中間的清算工作。

- 女股神 Cathie Wood 管理的投資界知名基金 Ark Investment 在 2017 年開始就看好比特幣，其旗艦基金 ARKW 就通過持有 GBTC 獲得加密貨幣的頭寸。

11.1.2 微觀機會：資產配置

除了賽道本身的優勢，區塊鏈資產也有其獨特性。

資產流動性強：與傳統 VC 相比，很多區塊鏈項目有着更靈活的退出方式，比如通過發 Token 來實現流動性。

與傳統投資相比，Token 模式打通了一二級投資的界限，具備較好的流動性，也會有流動性溢價。

同時與股權投資項目相比，Token 模式的回報週期更短，我

們看到一般至少五年以上的股權項目，在 Token 模式下，可能兩三年就可以完成退出。這樣可以使 VC 投資的週期大為縮短，資金複用率增加。

投資潛在收益高：在資產流動性強的前提下，區塊鏈投資的收益相對傳統 VC 來說也更高。首先它本身就是一個高成長性的領域；其次，它除了投資的收益，還有很多附帶收益。比如已經流通但不想立刻賣出的 Token，還可以參與 Staking 或者挖礦，賺取相對應的收益；甚至對於沒有流通的 Token，也可以在一些去中心化協議中進行質押，提前獲取流動性。

與其他資產相關性較小：近幾年隨着比特幣的屬性向價值儲存轉換，其與黃金、原油等傳統資產的相關性愈來愈高。但大部分其他的區塊鏈資產與股票、債券、原油、黃金等傳統資產的價值相關性仍然較小，可參與資產配置，作為其他資產的價值對沖。

圖 21：虛擬資產和傳統資產 2016 至 2021 年的總回報相關系數								
資產類別	Bitcoin	Gold	S&P	NASDAQ	MSCI EM	US 10Y	Crude Oil	DXY
Bitcoin		17%	2%	3%	-5%	14%	-1%	-4%
Gold	17%		-10%	-6%	24%	61%	-13%	-47%
S&P	2%	-10%		88%	66%	-34%	49%	-21%
NASDAQ	3%	-6%	88%		61%	-18%	34%	-20%
MSCI EM	-5%	24%	66%	61%		-9%	31%	-64%
US 10Y	14%	61%	-34%	-18%	-9%		-40%	-14%
Crude Oil	-1%	-13%	49%	34%	31%	-40%		-17%
DXY	-4%	-47%	-21%	-20%	-64%	-14%	-17%	
Avg	4%	4%	20%	20%	15%	-6%	6%	-27%

資料來源：載於 advisoryperspective 網站的資料

11.1.3 為甚麼要選擇投資我們？

認同區塊鏈領域的機會只是第一步，這是對於行業的軟性選擇。不管是甚麼行業的基金募集，自然也跳不出基金募集的硬性要求。也就是要回答投資人：「市面上那麼多區塊鏈基金，為甚麼要選擇我們。」

（1）架構與治理

對於傳統金融領域的投資人來說，首選的基金肯定需要有合規的架構，並以傳統金融領域的道德準則來運營。比如設定投資政策說明書（Investment Policy Statement）並嚴格執行；定期審計，如實向投資人進行書面彙報；對於投資決策、付款以及收益等流程也需要如實記錄並保存，以便必要時進行披露。

除了流程上的事務，基金募集的幣種選擇也很重要，比如以法幣募集的基金對於不太了解加密資產的傳統投資人來說肯定更加友好。

（2）團隊

團隊的專業性和道德標準也是投資人的重要考量因素。專業的團隊需要具備一定的產業深度，以及以研究驅動的投資策略。而道德標準則是團隊始終對潛在投資機會保持中立的前提。

（3）業績

對於有業績記錄的團隊來說，業績就是對基金管理能力最好的證明。如果你碰巧曾經跑贏市場，或者投中獨角獸公司，對於投資人來說是大大的加分。區塊鏈領域的牛熊週期比其他行業要快，所以參考歷史業績的時候不僅需要與其他資產類別以及整個宏觀經濟作對比，還需要參考區塊鏈行業本身的週期性，與行業內的基準作對比。

由於區塊鏈行業的特殊性，曾經很短時間賺到快錢的所謂「基金」比比皆是，但是這只是曇花一現。我們看到從 2017-18 年到現在，很多所謂的基金公司都已經不復存在，能堅持一個週期的投資機構已經很少，更遑論經歷多個週期。所以老牌的 Crypto Fund 之所以長青，是因為經得起多重考驗，證明了投資能力以及對行業長期參與的決心，招牌更加有含金量。

投資者會對團隊的整體提出非常細緻的要求，接受投資者的調查和對項目進行的 DD 的過程幾乎毫無差異。再也不是草莽時代，依靠關係、運氣以及偶然的機會，就可以有所成就。現在希望獲取非常漂亮的成績，需要集團軍作戰。

11.1.4 還有甚麼人投資區塊鏈基金？

投資人在佈局區塊鏈基金的時候，往往也會參考其他投資人的態度，也就是會問：「目前都是甚麼人在投區塊鏈基金。」

對於加密資產，更多的是高淨值個人、家族辦公室、中小型金融機構等等在參與。他們已經意識到加密資產的高收益性，並且對於他們來說，調整投資方向相對靈活。而大型金融機構目前對於加密資產的興趣也是日漸濃厚，更多是從交易角度開始參與二級市場，而一級市場的投資可能還尚需時日。

對於區塊鏈技術，投資者類型甚至更加多樣化，比如傳統產業資本、政府資金都在參與，而區塊鏈其實也是很多傳統 VC/PE 的投資領域，所以很多傳統基金其實已經在參與區塊鏈技術領域的基金投資，如剛剛加入的天橋資本（SkyBridge）。

表 20：上市公司購買比特幣統計資料數據				
公司	代碼	比特幣數量	價值	% 總量佔比
MicroStrategy	MSTR:NADQ	92,079	$3,032,240,814	0.44%
Tesla, Inc	TSLA:NADQ	42,902	$1,412,799,829	0.20%
Galaxy Digital Holdings	BRPHF:OTCMKTS	16,400	$540,066,132	0.08%
Voyager Digital LTD	VYGR:CSE	12,260	$403,732,364	0.06%
Square Inc.	SQ:NYSE	8,027	$264,336,027	0.04%
Marathon Digital Holdings Inc	MARA:NADQ	5,518	$181,712,495	0.03%
Coinbase Global, Inc.	COIN:NADQ	4,482	$147,596,122	0.02%
Bitcoin Group SE	BTGGF:TCMKTS	3,947	$129,978,111	0.02%
Hut 8 Mining Corp	HUT:TSX	3,233	$106,465,476	0.02%
Riot Blockchain, Inc.	RIOT:NADQ	2,000	$65,861,723	0.01%
NEXON Co. Ltd	NEXOF:OTCMKTS	1,717	$56,542,290	0.01%
Bitfarms Limited	BFARF:OTCMKTS	1,114	$36,684,980	0.01%
Argo Blockchain PLC	ARBKF:OTCMKTS	1,108	$36,487,395	0.01%
Hive Blockchain	HVBTF:OTCMKTS	1,033	$34,017,580	0.01%
BIGG Digital Assets Inc.	BBKCF:OTCMKTS	788	$25,949,519	0.00%
Meitu	HKD:HKG	765	$25,192,109	0.00%

資料來源：載於 Bitcointreasury 網站上的資料（2021 年 6 月閱覽）

　　另外十分值得注意的是上市公司，尤其是美國的上市公司開始直接參與買賣比特幣的活動，比較有名的包括 MicroStrategy、Sqaure 等。

11.2 「投」── 全方位、多角度參與

　　區塊鏈和加密資產領域的投資與傳統的 VC 投資有一定的相似之處，主要體現在投資決策流程和方法論上。區塊鏈基金投資有時會採用 Top-down 的決策方式，比如先從行業 Mapping 開始，梳理好整個行業的機會點，再去尋找每個細分賽道的頭部公司。或者反過來採用 bottom-up 的方式，接觸到項目後進行初篩，與團隊進行溝通之後再深入研究相關領域，並判斷這個領域的前景。當然，確認賽道和公司有價值之後，仍然需要對公司進行盡職調查，之後才會進入正式決策和投資流程。

　　值得一提的是，加密資產領域的盡職調查與傳統 VC 領域的不盡相同。由於很多加密資產的融資項目都希望走社區化的道路，這類項目在做盡職調查的時候需要尤其注意項目的社區活躍度。或者對於特別早期還沒有形成用戶社區的項目，建立並營運社區的能力也很重要。開源和社區化也往往意味着技術核心優勢不是很重要，所以投資有時候可能會淡化對技術門檻的考量。由於區塊鏈的特殊屬性，項目開源和社區化的程度，也是未來生態繁榮的關鍵。

　　區塊鏈基金投資與傳統 VC 的投資的主要區別在於投資方式，區塊鏈基金在這方面可選擇的範圍就要廣得多。

11.2.1 一級市場

　　股權投資：股權投資是傳統 VC 的投資方式。隨着被投公司成長，股權價值愈來愈高，高價退出後 VC 獲益，這一方式在區塊鏈和加密資產領域中也同樣存在。很多作中心化業務的公司，比如機構級合規金融服務商，融資時都主要以股權形式進行。還

有一些項目，未來可能計劃發行加密資產賦能自己的生態，但早期還未發行的時候，也可能採用股權的形式融資。在未來發幣後，再對投資人持有的股權進行映射，這類方式稱為「投股送幣」，本質上也是股權投資。

私募 Token 投資：通常一級市場的 Token 投資會通過 SAFT（Simple Agreement for Future Tokens）協議，或者 TPA（Token Purchase Agreement）協議來完成。其中 TPA 比較類似股權投資的 Shares Purchase Agreement，當中會約定 Token 的鎖定期和解鎖方式，以及 Token 完全解鎖前投資人和項目方的權利與義務。而 SAFT 是一個簡單協議，除了約定價格和投資金額，幾乎沒有涉及投資人權益。所以一般來說，Token 投資人都會儘量避免 SAFT 協議，而主要通過 TPA 或投股送幣的方式進行投資。

公募 Token 投資：除了一級市場的投資機會，Token 世界中還存在大量二級市場投資機會，比如 ICO（Initial Coin Offering）、IEO（Initial Exchange Offering）等。不過不管是個人還是基金想要參加這類融資事件，都需要進行一定的 KYC 驗證流程，在合規框架內，只有通過了 KYC 驗證的用戶才能參與投資。當然，對於已經在二級市場流通的 Token，也可以直接進行低買高賣。

股權投資其實和 Token 融資一直以來都是並行的。在以太坊 ICO 模式確立之前，一些非 Token 類項目一直都有採用股權融資的形式，最著名的例子就是 Coinbase，2012 年達到了第一筆股權融資。Token 融資有一段時間非常緊俏，由於流動性較佳，一般可以獲得高溢價。

決定一個項目進行股權或者 Token 投資有幾方面的考慮：

一、是否上市。一般來說如果想以傳統 IPO 模式登陸資本市場，可能會以股權的模式為主，如 Coinbase、BlockFi 等。因為直接發行 Token 一般都是豁免的形式，如 Blockstack 或者 Props，以 Reg D 形式豁免發行，已經被當作股票，但仍然是 Token。很少項目可以做到美國合規，而在美國之外，Token 和規模並不清楚。因此，為了上市或被傳統機構所兼併收購，較多選擇 IPO 模式，也就是選擇股權的模式，而且本身不碰 Token，或者以豁免的形式發行 Token。

二、業務模式是否需要 Token。雖然 Token 的價值和流動性較好，但需要結合具體業務。比如公鏈和 DeFi 相關的使用 Token 是較好的模式，但是中心化的服務，則並不需要 Token，而是傳統類型商業模式。如果必須使用 Token，則需要建好業務模型、激勵模型，以及設計好相關代幣分發模式（時間、如何分配等）。

業務模型：是否中心化服務還是去中心化服務，中心化服務可以毋須考慮 Token，去中心化服務則可以發行 Token。

激勵模型：Token 的作用到底是甚麼，如何激勵用戶但又不會過渡鼓勵投機行為，處理好使用 Token 與冷啟動的關係。

代幣分發模式：一般去中心化服務的項目代幣都會分配給以下幾種角色：創始團隊、基金會、庫存、社區參與者、投資人、散戶空投以及給流動性參與方的獎勵。Token 也會涉及到解鎖期限，從項目上線到長達幾十年的解鎖期。代幣分發模式是需要非常謹慎對待，Token 是可以平衡持份者的模式。一般而言，Token 愈去中心化、沒有預挖，愈受到歡迎，估值也相對高一些，但是項目啟動需要團隊和資金，也不可能是純粹的社區啟動，除非有明星創始人，如 AC。除了分配以外，解鎖模式也值得考量，解鎖的 Token 很容變成賣盤，持份者的利益會不一致。

因此，雖然 Token 模式看起來更吸引人，但是由於設計模式並沒有成熟標準，所以貿然選擇 Token 模式並不一定是最佳選擇。當然「投股送幣」是比較保險的，但要視乎產品和公司，再決定哪一類更有價值。

11.2.2 二級市場

（1）直接投資

BTC、ETH 等主流加密資產也可以直接通過二級市場的合規渠道來購買。

這基本就是配置邏輯，因為 BTC 和 ETH 決定了行業的基本回報率的底線，直接配置 BTC 和 ETH 可以保證基金的收益跟隨整體數字資產市場。

一般 VC 而言，並不會直接參與買賣 BTC 及 ETH，這更像對沖基金的做法。就傳統 VC 投資而言，跑贏二級股票市場是比較容易的。但是加密貨幣跑贏比特幣確實有一定難度，就長期回報而言，如果時點把握得好，大部分基金難以跑贏 BTC。加配 BTC 和 ETH，是對市場回報的一種錨定。

另外就是，對一些其他主流數字貨幣，其實也是可以配置的，比如 Polkadot 及 Filecoin，在區塊鏈世界裏都有獨特的定位。但 VC 購買數字貨幣，更多是考慮賽道配置，而不是交易波動。

（2）間接投資

除了上述直接投資的方式，區塊鏈和加密資產領域還有大量的間接投資方式。

買礦機：對於比特幣等 POW 代幣，持有礦機變相就是持有該代幣的看漲期權。由於挖礦的固定成本不變，主要由電費和運維費用構成。如果幣價上漲，礦機擁有者的 Upside return 可以很

大；而如果幣價下跌至成本線，礦機擁有者可以選擇關機來避免虧損。

礦機運維是非常大的成本開銷，而且有很多不確定性。如果沒有很強的技術、運維及本地資源，自己獨立運營不如加入礦場。而且由於成本需要由數字貨幣覆蓋，所以還需要具備一定的交易技巧。

Staking：Staking 是加密資產領域一個很常見的獲取收益方式，存在於多種場景中。比如 POS 的幣種挖礦，Token 持有者可以將手中的 Token 質押（stake）給 POS 礦池，礦池挖到獎勵後將按持有比例來分配收益。又比如 DeFi 領域，在交易、借貸等場景中通常需要流動性，而 Token 持有人可以將自己的 Token 質押給自動造市商，並換取提供流動性的獎勵。

Staking 的作用在於如果選擇持幣，還可以獲得額外的幣本位的回報，這對於希望長期持幣的投資機構而言，是非常好的穩定收入。另外就是 Staking 可以進行治理，對於希望主動治理（類似持有股票時，對上市公司主動管理）的機構而言，是增加持倉收益及話語權的另一好選擇，可謂一幣多用。還有的項目，由於機構的幣是鎖定的，但也可以參與 Staking，那就成為了一種必要選擇。

購買區塊鏈股票：對於傳統金融的投資人來說，可能對加密資產入金方式、資產選擇都不熟悉，這時候最好的投資方式就是投資傳統金融世界中與區塊鏈相關的資產。比如全球最大的加密資產管理公司 Grayscale 發行的 GBTC、ETHE 等信託產品，這些產品通過美股券商賬戶就能購買，其底層以 BTC、ETH 等加密資產的價值作為支撐。投資這類資產，可以獲得加密資產的風險敞口，但又毋須研究加密資產錢包等技術問題。除了 Grayscale 的信託產

品，傳統股市中還有嘉楠耘智這樣從事區塊鏈和加密資產業務的上市公司，投資這類公司的股票也可以間接觸及加密資產領域。

另一類就是我們之前提到的上市公司。像 MicroStrategy 已經購買了超過 7 萬個比特幣，本身業務是做商業智能、移動軟件和雲服務。如果看這類公司，從股價的表現來看，大家更願意把它當作比特幣的投資公司，因為其所含比特幣市值已經接近其市值（當前幣價對當前市值）；也有人認為這就是接近比特幣 ETF 的一種東西了，雖然還不是完全的 1：1 的配對，但購買這類公司股票如同購買比特幣一樣。

圖 22：Square 每季度比特幣收入額

資料來源：載於 The Block 網站的 Square 公司數據

還有漸漸地參與區塊鏈的股票，如 Square 及 PayPal。Square 在 2018 年就開始在其 Cash App 上容許購買比特幣，類似一個非常簡易的移動版交易所。雖然比特幣業務貢獻收入規模不大，但是為其貼上了「前沿科技」的標籤，而且我們看到廣大的客戶基數，購買比特幣的數量一直在大幅增加。

購買區塊鏈股票要注意的問題是，要計算相關股票的區塊鏈「含量」，即機構需要有多重的風險暴露。因為若股票代表的公司，並不是 100% 區塊鏈，又或不是 100% 數字貨幣，有可能會導致投

資偏離原意或者 IPS。

11.3 「管」——提升價值的重要一環

　　區塊鏈基金與傳統 VC 一樣，同樣需要投後管理。在投後管理方面，基金和被投公司往往是共贏的，如果公司經營得好，基金的回報也高，所以基金往往非常願意協助被投公司。投後管理的工作主要體現在營運情況跟進，以及資源輔助兩方面。

- **企業管理：**包括戰略規劃、管理體系、組織架構、流程體系、業務價值鏈管理（研發、市場行銷等）、人力資源、財務管理。組織財務、人事、市場推廣的課程交流及培訓，以及企業家精神及商業化運作培訓。向受資企業提出發展規劃建議，協助公司梳理日常運行流程，與相關公司進行業務對接和資源支持。

- **資本支援：**協助業務生態有缺口的企業尋找併購標的、有融資需求的提供融資方案和部分資金支援，對於財務或資本領域欠缺經驗的被投企業，着重對他們的支持輔導。在不影響公司發展的情況下，制定合理的退出方案，保證基金收益。

- **資源對接：**目前我們有許多可以打通的集團資源可以提供給被投企業使用，對於被投企業希望深入了解一些行業的戰略投資價值或標的，可以協助提供行業分析和相關標的的考察。同時提供各被投企業的相互業務介紹，共享我們的研究報告，技術上提供顧問式的一體化方案。集團生態旗下、戰略合作夥伴及各參股企業的供應鏈金融、保險、農業等行業有區塊鏈需求的，我們都會安排被投企業對接

業務，讓受資企業打磨更加合適的商業落地解決方案。

通過峰會等活動，我們也會為被投企業對接其所需的行業資源，比如社區類項目，可以通過機構品牌背書來幫助項目方增強社區用戶的信任。或為項目方提供媒體及 PR 方面的資源，這一點在跨境投資的情況下尤為重要。在我們的投資過程中，常常遇到投了海外知名項目並想開拓亞洲市場，這時我們就可以幫助他們對接亞洲本地的社區及媒體，或在自己舉辦活動時邀請項目方參與幾個環節，以增加項目方的曝光度。而對於中心化營運的項目，可能需要儘量引薦客戶或產業資源。當然，媒體和曝光度方面的輔助永遠也不會嫌多。

- **風險評估：**定期跟進被投企業的三會治理、關注最新經營業績和實際經營情況、時刻警惕被投公司的重大風險等。
- **日常營運：**與被投企業保持溝通，關注企業的日常運維，對企業的需求儘快評估並提供相應幫助。本着對投資人負責的態度，基金管理團隊需要定期跟進被投公司的運營情況。一旦發現運營上的難點，就需要及時補救，協助被投公司度過難關，同時也降低基金的虧損概率。

11.4 「退」── Token 投資有自己的特殊方式

區塊鏈基金的退出也與傳統 VC 有着重大差別。在退出方式上，區塊鏈和加密資產的基金更為靈活。

在傳統 VC 投資中，常見的退出方式主要是老股轉讓、併購、上市、回購等，從投資到退出的週期普遍很長，通常是基金進入退出期才開始着手退出工作。

對於區塊鏈和加密資產領域的純股權投資，大致和傳統 VC 無異。而 Token 的投資或投股送幣的投資，可以直接通過發幣來實現退出，且第一次發幣（即部分退出）的時間距離投資的時間往往不會很長。甚至在投資時，項目方已經有上交易所的時間計劃了。對於很多加密資產基金來說，可能投資期還遠沒有結束，但卻已經有退出的資金回籠。這些資金在投資期還可以用來繼續投資，實現更大的收益。

需要注意的是，雖然通過投股送幣的方式可以從收益上實現回本，實際收益權也從股份轉到了 Token 上。然而，基金實際上仍然持有被投公司的股份，因此從基金退出清算的角度上說，還不算完全的退出。這時候需要把持有的股份轉出去，可以考慮附帶一部分 Token 連股權一起轉給第三方；也可以考慮以一個協議價把這部分股份轉回給創始團隊，以實現股權上的完全退出。

11.5 合規的基金架構

合規的基金架構有幾個重要的組成部分：有資質的資產管理團隊、基金資產託管、基金行政管理、法務、基金審計等等。

資產管理團隊： 近期全球部分主要國家和地區對於區塊鏈基金的監管政策愈來愈明晰。針對不同的區塊鏈標的資產，管理團隊需要有不同的資質。比如香港證監會針對資產管理設置了 9 號牌照，且會限制資產管理的範圍，比如投資於一級市場股權，或投資於二級市場證券。同樣，對於投資於加密資產的比例也會作出限制。對大部分 9 號牌照持有者來說，投資於加密資產的規模不能超過總資產規模的 10%，如需超過 10% 的限制，需要再向證監會申請，調整牌照所限制的經營範圍。除了資質本身，在資產

管理的過程中團隊也需要嚴格遵循合規要求，比如在市值劇烈波動時，還需要去積極地調倉，讓加密資產的規模符合牌照的要求。除了硬性的資質要求之外，資產管理團隊從功能上也需要健全，比如除了投資職能，還需要配備投後管理職能，以及風控和內控職能或流程，確保投資和投後管理的中立性。

基金資產託管：對於合規的基金來說，客戶的資產需要存放在獨立的託管服務商。對於以法幣募集的基金，託管服務方通常是銀行；而對於直接以加密資產募集的基金，則需要尋找獨立、合規的第三方加密資產託管服務商。

基金行政管理：基金行政管理的範圍包括基金設立相關的文書和合同制作、募資賬戶管理和資金清算、基金份額登記、基金會計及基金估值核算、基金信息披露等。它涵蓋了完整的基金營運環節，可以為基金管理人提升公信力，以及提高基金運作效率。對於區塊鏈基金的行政管理，目前還存在着一定的挑戰性，因為區塊鏈基金的投資方式多種多樣，比如參與 Staking 或進行挖礦賺取收益等。對於資金會計記賬、淨值估算等環節，也需要有特殊的會計處理方式。目前由於合規的區塊鏈和加密資產基金還處於較為早期的階段，市場也還沒有形成細分領域的專業行政管理服務商，合規的加密基金仍然沿用傳統基金領域的服務商。

基金審計：與普通的基金一樣，為了向基金投資人呈現透明度，並提升公信力，區塊鏈基金也需要定期進行外部審計。目前 EY、PWC 等大型會計師事務所也已經紛紛涉足加密基金領域。

法務：法務也是基金投資業務的基本配置，需要審核項目投資的法律文書，對可能存在的法律風險進行提示，以及對基金自身的業務合規性以及風險性作出提示。

其他合規服務商：對於公募基金或份額認購類資管產品來說，

還需要合規的份額銷售渠道。市面上現存的區塊鏈基金主要還是以私募形式存在，份額認購類產品僅佔極少數，一旦涉及到份額銷售，尤其是向公眾銷售，則需要嚴格合規的資質。

11.6　資產管理生態的多樣性

現有加密資產管理的形態已經非常豐富，有對沖基金、風投基金、信託、存款類產品等等。

對沖基金：加密對沖基金通常是向少數高淨值個人募集的，按照一定的量化策略，如高頻交易、CTA 策略等，投資於加密資產二級市場的基金。這個領域的進入壁壘相對較低，只要有好的策略、有一定量的資金，就可以建起一個小型對沖基金。因此該領域的參與者畫像差別也非常大，其中不乏 Citadel 這樣頂級的對沖基金，當然也不乏個人交易員管理的小型策略基金。監管的標準也比較難統一，更多需要基於投資人與管理團隊之間的協議約定，以及管理團隊自身的道德標準。

風投基金：投資一級市場的風投基金，需要有一定的行業資源累積，才能夠獲得優質且穩定的項目。但從監管的角度看，仍然不存在跨越不了的合規要求，更多也是基於私募投資人與管理團隊之間的信任關係，以及透明的營運流程。像 HashKey Capital、分佈式資本等，就屬於加密資產風投基金。

信託：信託屬於監管比較嚴格的領域。目前加密資產領域最知名的信託產品，就是美國灰度公司推出的 GBTC、ETHE 等被動信託產品。其產品原理是建立一個信託的架構，合格投資人可以用法幣認購信託產品的份額，而信託的管理人會將收到的認購金全數購買 BTC、ETH 等加密資產。而在一定的鎖定期結束後，

這些信託份額可以公開在 OTC 市場上掛牌交易。截至 2020 年 11 月 30 日，灰度旗下通過這類加密資產信託形式管理的資產規模達到了 122 億美元。

存款類產品：加密資產領域存在眾多類似銀行存款類的定期存單或理財產品，用戶可以用加密資產認購這類理財產品的份額，產品到期後將退還用戶本金，並支付一定的利息。這類產品的底層資產，往往是優質的機構貸款，或風險較低的量化交易產品。這類產品通常由交易所、中心化錢包平台等 B 端平台推出，比如 HashKey Hub、幣安、Matrixport、Cobo 等，本息的歸還主要也是靠平台的信譽背書，而沒有強制的監管要求。近幾年全球監管政策逐漸明晰，也開始有國家將這類存款類產品納入了監管範圍，這才有平台開始逐漸向合規靠攏。

參考資料

Fxstreet 網站（https://www.fxstreet.com/cryptocurrencies/news）。

Advisoryperspective 網站（https://www.advisorperspectives.com/commentaries/2020/03/27/diversification-is-key-and-the-only-free-lunch-in-these-markets）。

Bitcointreasury 網站（https://www.buybitcoinworldwide.com/treasuries/）。

The Block 網站及數據（https://www.theblockcrypto.com/data/crypto-markets/public-companies）。

第 12 章

主要參與機構
及代表案例

縱觀全球的數字資產投資機構，主要分為四大類：財務投資人、生態建設型投資人、戰略併購投資方，以及原生社區型投資組織。其中財務投資人也分為兩類，即傳統投資人和區塊鏈投資人，傳統投資人主要包括傳統 VC 和大學捐贈基金，區塊鏈投資人指的是專門從事區塊鏈投資的投資機構，比如 Polychain；生態建設型投資人是指進行區塊鏈全產業鏈投資，並且也在進行自營加密資產或區塊鏈相關業務的機構，代表生態建設型投資人包括 Digital Currency Group、HashKey 以及 ConsenSys；戰略併購投資方是指通過資本重組活動達到投資目的，最活躍的併購買家主要包括 Coinbase、幣安在內的數字貨幣交易所；除了傳統投資機構，區塊鏈領域也衍生出了原生的投資組織 DAO (Decentralized Autonomous Organization)，DAO 是分佈式的自治組織，社區的成員會共同通過投票決定是否給予資金支援，是區塊鏈領域原生的新興投資方式。隨着加密資產市場近年來的蓬勃發展，區塊鏈和加密資產領域已經有多家公司受到傳統金融世界的認可，並打入傳統資本市場。上市的方式主要包括借殼上市、IPO 上市、直接上市、SPAC 上市等等，加密企業已經逐步走向主流化。

12.1 典型區塊鏈投資機構與投資策略

區塊鏈及加密資產領域的投資機構已經非常的多元化，有純財務型的投資基金，也有全產業鏈佈局的戰略投資者。

表 21：區塊鏈投資者	
傳統 VC	Andreessen Horowitz、Union Square Ventures、Lightspeed、Danhua Capital、Greycroft、SVAngel、BEENEXT、Rubicon Venture Capital 等
組合型基金	Digital Ventures、Bitbull Capital、CryptoLUX、Vision Hill 等
資產管理	Bitwise、Grayscale、JAFCO、FBG Capital、BitSpread 等
對沖基金	Scalar Capital、Polychain、Ikigai、Pantera、Morgan Creek Capital Management 等
加密 VC	Digital Currency Group、ZhenFund、Hashed、Blockchain Capital、Blockchange、Blue Yard、Fenbushi Capital、Node Capital 等
企業	Bitman、Binance、Coinbase、Huobi Labs、EOS VC 等
加速器 / 孵化器	Coinsilium、Techstars、Boost VC、ConsenSys 等

資料來源：The Block 網站

12.1.1 財務投資人

下表是知名區塊鏈媒體 The Block 總結的 2020 年最活躍的十大區塊鏈投資機構。

表 22：2020 年最活躍的區塊鏈投資機構				
Polychain Capital	ConsenSys	Pantera	HashKey	Coinbase
Alameda Research	Digital Currency Group	CoinFund	Dragonfly Capital	NGC Ventures

資料來源：The Block 網站

其中 Polychain Capital、Pantera、Dragonfly Capital、NGC Ventures，都是典型的純財務投資機構。Polychain 和 Pantera 都是美國的老牌區塊鏈基金，是第一批區塊鏈基金中的佼佼者，其投資的對象也多為歐美團隊。Dragonfly Capital 是近期興起的基金，

在北美和亞洲都有團隊，這類基金的優勢是能夠縮小歐美和亞洲之間的信息不對稱，投資觸角可以更長更遠。NGC Ventures 屬於亞洲基金，其投資的項目中，亞洲團隊明顯多於其他機構。

財務投資人也可以分成兩類：傳統投資人和專注於區塊鏈投資的機構投資人。

（1）傳統投資人

區塊鏈和加密資產領域有不少投資機構屬於從傳統投資領域「跨界」進入這個行業，比如互聯網領域的投資基金。

◎ 傳統 VC

Andreessen Horowitz 總部位於美國矽谷。由於其名字較長，大家簡稱它為 A16Z，其中 16 代表 A 與 Z 中間的 16 個字母。A16Z 堪稱是投資圈神話，兩位創始人 Marc Andreessen 和 Ben Horowitz 也是矽谷傳奇投資人。

Andreessen 是 Mosaic 通訊公司（網景公司的前身）的創始人之一，其開發出的 Mosaic 瀏覽器，一度佔據互聯網 80% 以上的份額。該公司最終被 AOL（美國線上）併購，其留下的 JAVA、SSL、cookie 等多種技術也成為整個行業的通行標準。離開網景後，Andreessen 與 Horowitz 共同創立了互聯網基礎架構服務公司 LoudCloud。接着，在 2009 年，兩人一起投身風險投資行業，創立了 A16Z。

兩人憑藉自身在互聯網領域的創業經驗以及對前沿技術的洞察能力，先後投出了多個獨角獸企業，比如 Facebook、Twitter、Groupon、Skype、Zynga、Foursquare、Airbnb、Oculus VR 等等，實現了多次高額回報，也因此成為互聯網投資界的傳奇。

2013 年，這家傳奇 VC 開始佈局加密資產領域，並在矽谷辦公室的牆上掛出了中本聰撰寫的比特幣白皮書全文。A16Z 投資

了比特幣、Ripple、Coinbase 等等頭部加密資產及公司,並且都是在極早期的時候搶先佈局。他們對加密資產領域秉承着「長線投資」和「全週期投資」的理念,即不管市場和行情如何,都堅定看好加密貨幣領域。同時,對於優質項目,A16Z 也非常樂於從早期輪次一直追加到後期,陪伴公司一路成長。

A16Z 於 2018 年正式推出了 3.5 億美元的加密資產專項基金,2020 年推出了第二隻 5.15 億美元的加密資產基金。涵蓋範圍幾乎包括所有加密資產的細分領域。

表 23:A16Z 投資組合圖譜	
投資基金	MetaStable、Polychain Capital、BlockTower
DeFi	Compound、Maker
智能合約平台	NEAR、Dfinity、Labs
加密貨幣	Bitcoin、Chia
企業區塊鏈	Anchorage、Axoni、TradeBlock
安全代幣及穩定幣	HARBOR、Basis、TrustToken
全球支付	Celo、Libra、Ripple
去中心化儲存	Filecoin、Arweave
隱私保護	Oasis Labs、KEEP、Orchid
其他	Handshake、Dapper、Earn、Gamedex、Coinbase、CryptoKitties、Robinhood、Mediachain、Forte

資料來源:Chainnews 網站

◎ 大學捐贈基金

除了傳統機構投資人外,大學捐贈基金也已經參與到加密資產投資的陣營。

大學捐贈基金是一些大學或者學術機構的資金池,這些資金通常是以捐贈的形式支持教學和研究,可以被投資到各類資產中。

其中哈佛大學是全球最大的大學捐贈基金，擁有超過 400 億美元的資產，耶魯大學擁有超過 300 億美元資產，密歇根大學擁有約 125 億美元資產，布朗大學則擁有 47 億美元資產。

大學捐贈基金與普通的 VC 不同，它是以信託的形式永久存續，並且需要每年分出一部分收益來支持大學或學術機構日常相關的活動。大學捐贈基金往往需要配置各類資產，達到風險分散的目的；並且也將同時佈局長期和中短期投資，以達到收益和流動性的平衡。所以，加密資產作為一項新興資產，自然會吸引大學捐贈基金的注意，對其進行資產配置的資金往往來自於基金中風險投資或追求絕對收益的部分。

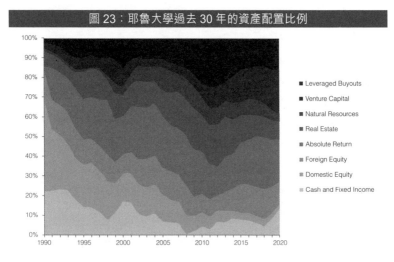

圖 23：耶魯大學過去 30 年的資產配置比例

資料來源：新浪財經網站

目前大學捐贈基金投資加密資產主要有三類方式：

投資區塊鏈基金： 早在 2018 年，耶魯大學首席投資官大衛·斯文森（David Swensen）就投資了兩支加密貨幣基金，分別是知名 VC Andreessen Horowitz 的第一支加密貨幣風投基金，基金規模達

到 3 億美金，以及由 Coinbase 聯合創始人 Fred Ehrsam 和前紅杉資本合夥人 Matt Huang 創立的加密貨幣風投基金。緊隨其後，在2018 年，包括哈佛、史丹福、達特茅斯學院、麻省理工學院、北卡羅萊納大學和密歇根大學等，也開始跟隨耶魯大學投資加密貨幣風險投資基金的策略，每家投資了至少一支加密貨幣風投基金。

直接購買加密貨幣：在合規交易所 Coinbase 的 2020 年年度報告中，提到已經有部分大學捐贈基金直接在交易所購買加密貨幣，並早在一年多前就開始購買。有部分媒體猜測這些買家就是2018 年投資加密貨幣基金的幾家長青藤大學基金，如哈佛大學、耶魯大學、布朗商學院、密歇根大學的捐贈基金等。

直接投資區塊鏈項目：部分大學捐贈基金也會選擇對行業理解要求比較高的直接股權投資，比如哈佛大學基金會、懷俄明大學基金會等等。

2020 年，由懷俄明大學基金會領投，合規的數字資產銀行 Avanti 完成了其種子輪融資，其餘投資方包括 Morgan Creek Digital、Blockchain Capital、Digital Currency Group 等。Avanti是由華爾街資深人士 Caitlin Long 創立的一家合規銀行，專注於數字資產業務託管和支付服務，其提供的服務也可簡化捐贈流程，這更易於籌集更多資金支持其區塊鏈工作。

在更早的 2019 年，哈佛大學捐贈基金也直接參與到了Blockstack 的公開融資中，而該輪融資更是直接以代幣銷售的形式完成。

Blockstack 建立了一個分佈式互聯網，用戶在這個網絡上可以擁有對其身份的所有權。所有數據和身份綁定，儲存在自己的私有設備中，從而取消了對第三方機構的依賴。而需要使用用戶數據的開發者也只能在用戶許可的情況下訪問用戶數據，通過這

種方式將數據的主權交還給用戶。

該項目里程碑式的意義在於，其代幣發行為首個經美國證券交易委員會（SEC）批准，通過 Reg A+ 豁免通道進行的代幣發行，總共募資金額達到了 2,800 萬美元。Reg A+ 通道允許公司豁免將發行的代幣註冊為證券，並可以從公眾投資者籌集最多 5,000 萬美元。這就意味着，其融資目標不再局限於合格投資者，任何人都有機會參與其中。

Blockstack 向美國 SEC 提交的代幣銷售文件顯示，哈佛大學捐贈基金的隸屬子公司 Harvard Management Company 及其相關的投資人，共購置了 95,833,333 個 BlockStacks 的代幣，投資金額超過 1,150 萬美元。

除大學捐贈基金以外，與之投資風格相似的美國的養老基金也有參與，最早可追溯到 2019 年，佛吉尼亞州費爾法克斯縣的兩個養老基金投資了加密貨幣風投基金，且投資負責人稱「相信比特幣有可能將美國從即將到來的養老金危機中拯救出來」。另外，美國的 IRA 與 401(k) 等養老金賬戶也允許持有者通過灰度公司的合規信託產品投資比特幣。

（2）區塊鏈投資人

區塊鏈投資人是指專門從事區塊鏈投資的機構，比如 VC 以及對沖基金，如 Polychain Capital、Multicoin Capital、Paradigm、Placeholder、Pantera Capital、Framework Ventures、Fenbushi Capital 等。

◎ Polychain

Polychain Capital 成立於 2016 年，是最早出現的原生加密對沖基金之一，該基金由知名加密貨幣交易所 Coinbase 的首位員工 Olaf Carlson Wee 創立。該基金一直堅信，隨着加密貨幣生態系統

的發展，將會出現許多不同的協議來適應不同的應用場景，因此基金被命名為 "Polychain"。Polychain Capital 最喜歡投的是新技術或者由新技術產生的獨特的商業模式，關注的是核心的技術突破，以及由這些突破帶來的一切事物，因為新技術能讓過去不可能的商業模式變成可能。

Polychain Capital 在創建後不久便趕上 2017 年的加密貨幣大牛市，有報導稱 Polychain 基金在 2017 年的整體回報率高達 23 倍。在 Polychain 的投資組合中，我們不難看到各個細分領域的獨角獸，比如 DeFi 世界的借貸龍頭 MakerDAO 和 Compound、隱私領域的 Keep Network 和 NuCypher、基礎設施平台相關的 Tendermint、Parity Technology 和 Protocol Labs、交易所巨頭 Coinbase 和 Coinlist 等等。除了項目投資，Polychain 也會從早期開始深度參與項目的成長，為項目的發展提供各種建議和幫助，並帶來最大的價值。

◎ Pantera

Pantera 是一家總部位於美國加州的風險投資基金，成立於 2003 年，過去主要專注於全球宏觀投資，也參與了加密貨幣的早期投資。在 2014 年，其行政總裁 Dan Morehead 決定將 Pantera 轉型為專注於加密貨幣投資的機構。從管理規模上來看，目前 Pantera 是全球最大的加密貨幣基金之一。

Morehead 在 2011 年第一次了解到比特幣，當時被比特幣的想法所震撼，但沒有採取行動。而在 2013 年比特幣經歷了歷史上第一次牛市，當時大約有 20 萬人使用比特幣，Morehead 認識到比特幣可能成為被大規模使用的支付工具，於是決定戰略轉型。到目前為止，Pantera 投資的知名項目有 Wyre、Circle、Zcash、Ripple、0X、Augur、Omisego 等等。

12.1.2 生態建設型投資人

在區塊鏈和加密貨幣領域，典型的生態建設型投資人有 Digital Currency Group、HashKey、Coinbase、ConsenSys 等等。他們不僅進行全產業鏈的投資，自己也在進行自營的加密資產或區塊鏈相關的業務。

(1) DCG —— 全生態佈局的多元化數字集團

DCG（Digital Currency Group）集團於 2015 年由 Barry Silbert 創立，是集控股和投資於一體的多元化集團，其早期由投資起家，以廣度聞名，幾乎觸及加密資產的所有領域。官網顯示，截至 2020 年底，DCG 已經作出 220 多項投資或併購，有過 39 次成功退出，目前還有 133 家被投企業，業務範圍涵蓋加密貨幣交易平台、區塊鏈基礎設施、身份認證、支付、智能合約、區塊鏈企業服務、穩定幣、區塊鏈遊戲、錢包和託管等區塊鏈行業的每一個環節，在全球六大洲都有投資。其投資過的公司中，不乏 Coinbase、BitPay、BitGo、Circle 等耳熟能詳的獨角獸公司。

DCG 雖然以投資為主，但其實本身並不是一家純 VC，而是一個區塊鏈初創企業孵化器。它成立初期就併入了 Grayscale、Genesis、CoinDesk 三家在行業中舉足輕重的公司作為子公司，佔據了區塊鏈和加密資產產業的三大重要環節。

Grayscale 是 Barry Silbert 在 2013 年創立的，2015 年被併入到了 DCG 旗下。

目前，Grayscale 已經成為了全球最大的加密資產投資管理公司。2021 年 1 月初，隨着比特幣、以太坊等資產的價格成倍增長，其管理的資產規模達到近 300 億美元，推出的比特幣信託產品也是最接近比特幣指數基金的產品。它以資產信託的形式投資並持

有比特幣，可以讓符合條件的合格投資人通過券商直接在 OTC 市場以法幣交易信託份額，從而間接享受比特幣的增值。

Genesis 的前身為 SecondMarket 的交易部門，成立於 2013 年，後來也被併入到了 DCG 旗下。現在 Genesis 已經發展成了一家合規的加密貨幣場外交易經紀商，為機構基金、造市商和其他實體的投資者提供便捷的場外交易服務。此外，Genesis 還為機構提供加密貨幣借貸服務，公開數據顯示，截至 2020 年 3 月底，其累計借出了價值超過 60 億美元的加密貨幣資產，已經成為借貸領域數一數二的頭部企業。

CoinDesk 成立於 2013 年 5 月，是最早的區塊鏈新聞資訊網站之一，2016 年被 DCG 收購，而外媒 TechCrunch 曾透露，這項收購的價格只有 50-60 萬美元。自 2015 年以來，CoinDesk 每年都會舉辦 Consensus 共識大會，邀請區塊鏈行業內的領軍人物、KOL、大型企業高管、官員和學者來一起探討時下的行業熱點和未來發展方向。起初是一年一次，隨着該峰會的影響力愈來愈大，之後也加入了額外場次，比如亞洲站、或數字資產投資專場等等。Consensus 幾乎是行業公認的最重量級的峰會，每年的大會門票都可以為 CoinDesk 創造數千萬美元的收入。CoinDesk 也因其內容的專業、及時，而被業內人士稱為最權威的區塊鏈媒體。

（2）HashKey

HashKey 集團是亞洲領先的加密資產服務集團，其總部位於中國香港，在日本、新加坡等多地設有分支公司，業務輻射整個亞太地區。與 DCG 一樣，HashKey 集團也是全生態佈局的多元化資產服務集團，旗下業務包括加密資產交易平台、資產管理、風險投資、錢包、礦池等多條業務線。

風險投資是 HashKey 集團的一項重要業務，同時也是整個集

團在區塊鏈和加密資產領域的觸角，吸取着最前線的行業動態信息。截至目前，HashKey 及其生態關聯公司已經投資了 200 多家公司，被投公司遍佈全球各大洲，以及各主要國家及城市。其中不乏 Ethereum、Polkadot、Cosmos、Filecoin、Dfinity 這類大型基礎設施項目，以及其對應的生態項目。同時，作為加密資產服務集團，HashKey 對於加密金融服務領域也頻繁出手，至今已投資 BlockFi、Circle 等獨角獸公司。

另外，HashKey 集團與總部位於中國上海的萬向區塊鏈也是兄弟公司。萬向區塊鏈隸屬於中國萬向控股有限公司，後者是中國境內的金融集團，旗下擁有銀行、信託、保險、資管、融資租賃等傳統金融領域的子公司，幾乎擁有金融領域所有的牌照；除此之外，還擁有大數據及人工智能、移動支付、區塊鏈等金融科技領域的子公司，是走在金融創新最前沿的集團之一。

萬向區塊鏈主要從事區塊鏈技術研發，以及企業級技術解決方案。另外，其每年會在中國上海舉辦「萬向區塊鏈全球峰會」，這是與 CoinDesk 所舉辦的「Consensus 共識大會」同等重量級的全球盛事，是中西方行業交流的重要通道。首屆峰會於 2015 年 10 月舉辦，該屆峰會是國內第一次公開的區塊鏈活動，也是第一次將「區塊鏈」這個概念在中國推廣開來，因此該屆峰會被行業公認為區塊鏈在中國發展的標誌性事件，也使得 2015 年成為了中國區塊鏈元年。

12.1.3 典型戰略併購投資方

區塊鏈和加密資產作為一個高速發展的行業，在資本重組方面也是相當活躍。根據公開的交易資料，從 2013 年開始，在區塊鏈行業裏總共發生了超過 130 個併購案例，交易規模近 30 億美金。

其中交易所是最活躍的併購買家，比如 Coinbase、幣安，每家都進行了不下 10 筆的併購交易，且交易金額也顯著高於其他公司。

（1）Coinbase —— 最積極的買家

Coinbase 成立於 2012 年，是全球最大的合規加密資產交易平台，也是第一家合規的交易所。它在全球 100 多個國家擁有超過 4,500 萬用戶，平台沉澱的資產規模超過 900 億美元。

該公司被稱為區塊鏈和加密資產領域「最積極」的公司，其作出的併購交易數量穩居第一。作為資金實力極強的交易所，它的併購戰略主要圍繞人才和技術的 tuck-in（注：tuck-in 併購，一般指將收購目標納入收購方，直接成為一個部門，這樣容易獲取相關技術和優勢，比自己組建開發的成本更低）。比如 2018 年 4 月，Coinbase 宣佈 1 億美元收購 Earn.com，並聘用其 CEO 為 Coinbase 的首任 CTO。2019 年，Coinbase 以 5,500 萬美元收購了 Xapo 的託管業務，而當時 Xapo 已經是全球第一梯隊的託管服務商，這筆交易完成之後，Coinbase 所管理的加密資產規模直接超過了 70 億美元，成為了當之無愧的全球第一。2020 年 5 月，Coinbase 又宣佈收購了加密資產主經紀商 Tagomi。加密資產的主經紀商業務主要為機構客戶提供流動性、託管、借貸和其他服務。此次收購正好趕上了區塊鏈行業的轉捩點，2020 年可以說是機構入場加密資產的元年，而主經紀商正是機構所需要的基礎設施。總的來說，Coinbase 的併購次次都是快、準、狠，也讓其於加密資產巨頭的路上愈走愈快。

Coinbase 一直堅持的都是合規營運思路，在美國境內，持有各個州的 MTL（Money Transmitter License）、電子貨幣許可證，還擁有最嚴格的紐約州頒發的 BitLicense 牌照。在上市層面，嚴

格上幣、沒有衍生品交易，以及只提供 USD 和 USDC（一種合規穩定幣）的交易，也是 Coinbase 成為最大的交易所的基礎。

而 Coinbase 也已經早早不是一家簡單的交易所了，產品範疇目前已經涵蓋 10 各領域，包含投資、交易、託管、錢包等等。

表 24：Coinbase 業務分佈			
對普通用戶		**對機構**	
Coinbase	買賣虛擬資產	主經紀商	機構進行虛擬資產交易
錢包	儲存虛擬資產	資產管道	上幣
USDC	穩定幣	商業	虛擬資產支付
收入 / 學習	課程 / 收益	託管	機構虛擬資產託管
對高級交易員		風投	早期投融資
Pro	複雜虛擬資產交易		

資料來源：Coinbase 網站

Coinbase 經過多輪融資，總計融資額度超過 5 億美元，在 2018 年的最後一輪 F 輪融資時，估值達到 80 億美元。2021 年 4 月，Coinbase 成功在 Nasdaq 以直接上市的方式掛牌，成為區塊鏈世界的標誌性事件，也是走向主流的一個里程碑。

（2）幣安——最大手筆的買家

2020 年 4 月，全球最大的加密數字貨幣交易平台幣安（Binance）對外宣佈收購全球被引用最多的加密貨幣行情數據網站——CoinMarketCap（CMC），收購價高達 4 億美元，成為加密資產領域收購金額最大的案例。CoinMarketCap 是全世界加密資產從業者都會使用的數據網站，具備強大的國際影響力和權威性，對於交易所來說也有着極大的流量價值，這項收購給幣安的「加密金融服務」藍圖又增添了濃墨重彩的一筆。

幣安在併購戰略上與 Coinbase 一致。除了數據服務領域外，

幣安還在法幣出入金、衍生品交易、資產錢包、合規牌照等等領域進行着積極的併購。

12.1.4 原生社區型投資組織

除了傳統意義上的投資機構，區塊鏈和加密貨幣世界中也衍生出來一些原生的投資組織，加密世界稱其為 DAO（Decentralized Autonomous Organization）。

DAO 是數字化分佈式自治組織，以投資為目的的 DAO 組織，類似一個由其成員主導的風險投資基金。但與傳統投資機構不同的是，它並沒有傳統的管理架構或董事會。DAO 是無國籍、無國界的，也不是由哪一個或少數幾個成員控制。當社區中產生好的想法，或有好的創業團隊進入 DAO 社區尋求資金幫助，DAO 社區的所有成員會共同通過投票決定是否給出資金支持。而資金可能來自於 DAO 社區參與者自己，也可能來自於將資金委託給 DAO 組織的普通投資人。同時，除了資金支援，DAO 社區可能還會提供一些基礎設施，比如項目治理的範本、社區 Debug 獎勵工具等等，讓初創項目能夠更容易啟動。而 DAO 的一切投資相關行為，包括投票、簽署投資協議、轉賬、未來接收購買的代幣等等，都可以在鏈上通過智能合約來完成，通過智能合約，各方參與者也可以讓組織和團隊營運的相關操作自動化，從而降低營運成本並改善內部管理，同時提高組織的整體透明度。

DAO 投資的概念最早誕生於 2016 年。2016 年 5 月，以太坊社區的一些成員宣佈了 The DAO 的誕生，該平台允許任何有項目的人向社區推銷其想法，並有可能獲得 The DAO 的資助。擁有 DAO Token 的任何人都可以對提案進行投票，然後在該項目有盈利時獲得相應獎勵，隨着資金的到位，情況開始好轉。The DAO

在創立階段取得了意想不到的成績，成功募集了 1,270 萬以太幣（當時價值 1.5 億美元），因此成為了有史以來最大的眾籌。但此後因為黑客攻擊，平台沒能繼續下去，還產生了以太坊分叉幣 ETC。

但 The DAO 的創立激發了全球開發者和技術人員的思想和想像力，目前加密貨幣領域已經出現了 the LAO、MetaCartel Ventures、DAO Square 等等綜合性 DAO 投資組織，以及專注於 NFT 資產投資的 Flamingo DAO。

12.2　走向主流化 —— 區塊鏈公司上市熱潮

很多人以為區塊鏈和加密資產領域有自己的退出方式，比如發行 Token 退出，但難以進入主流的傳統金融市場。但其實不然，區塊鏈和加密資產領域已經有多家公司受到傳統金融世界的認可，並成功登錄傳統資本市場。上市的方式也多種多樣，其中包括借殼上市、IPO 上市、直接上市、SPAC 上市等等。

◎ Galaxy Digital —— 首家在傳統資本市場（借殼）上市的加密資產公司

Galaxy Digital Holdings 由億萬富翁、對沖基金經理 Michael Novogratz 於 2017 年創立。Michael 是位幾起幾落的華爾街傳奇投資人，曾在高盛集團工作了 10 多年，是高盛最成功的明星對沖基金經理，傳言因為一些原因在 2000 年離開高盛。不過，他很快又加入了私募公司 Fortress Investment 成為合夥人，並幫助這家公司將業務擴展到房地產、債務證券、對沖基金等領域。但不幸的是，後來 Michael 因市場判斷失誤，導致公司出現巨大投資虧損，不得不在 2015 年離開華爾街。而在離開之前，他已經開始投資比

特幣，此番風波後徹底殺入加密資產投資市場，並創立了 Galaxay Digital。

Galaxy Digital 是全球第一家明確提出，要為加密行業提供全方位的金融服務，立志成為「加密世界的高盛」的金融機構。它的業務包括 Asset Management（資產管理）、Trading（交易）、Principal Investment（自有本金直投）、Advisory（金融諮詢）等等，涵蓋了傳統金融世界中 Merchant Bank（商人銀行）的所有功能。

Galaxy Digital 於 2018 年 8 月 1 日正式在加拿大多倫多證券交易所創業板（TSX Venture Exchange）掛牌上市。這次上市是通過收購了一家多倫多證券交易所上市的醫藥公司，並改名為 Galaxy Digital Holdings LTD，然後對 Galaxy Digital 實際營運主體進行反向收購，才得以成功掛牌。這是該交易所有史以來規模最大的反向收購案，其間經歷了種種困難，上市時間經過數次推遲，到 8 月才得以成功。

然而，由於上市時加密資產市場剛好進入長期的低迷時期，Galaxy Digital 的業務也隨之受到影響。財報顯示 Galaxy Digital 在 2018 年第一季度虧損 1.34 億美元，主要原因是加密貨幣價格下跌。因此，上市後股價的表現也並不如大家的期待，由開盤價 2.75 加元開始一路下跌，跌至 2018 年底僅剩 0.99 加元。創始人 Mike 也說，如果當初預知到加密貨幣市場將會如此低迷，而且會持續這麼長時間，可能會選擇晚一年上市，但並沒有覺得上市是一個錯誤的選擇。

事實證明，隨着市場慢慢回暖，Galaxy Digital 的業績也在慢慢回升。短期的業績波動並沒有影響公司長期的成長趨勢。尤其是 2020 年，股價一路指數級上升，由年初的 1 加元，到年底已經超過 9 加元。另外，Galaxy Digital 已於 2020 年 7 月進入了 TSX

（多倫多交易所主板）的沙盒計劃。在沙盒中交易 12 個月後，如果沒有出現「重大的合規問題」，Galaxy Digital 將離開沙盒，正式進入多倫多證券交易所交易。

在 Galaxy Digital 成功借殼上市之後，又有多家公司在其他市場通過相同的反向收購方式完成上市，比如火幣和 OKEX 兩家交易所。2018 年 8 月，火幣收購了港交所上市公司桐成控股 66.26% 的股份，並於 2019 年 9 月，將「桐成控股有限公司」更名為「火幣科技控股有限公司」。OKEX 在 2019 年 1 月完成對前進控股集團的股權收購，取得該公司 60.49% 股權，並於 2020 年 1 月 7 日將「前進控股集團有限公司」更名為「歐科雲鏈控股有限公司」。然而，目前這兩家公司仍然在反向收購實際營運資產的過程中。

◎ 嘉楠耘智 —— IPO 上市的「區塊鏈第一股」

2019 年 11 月，全球算力排名第二的礦機廠商嘉楠耘智成功登陸納斯達克，成為第一個通過 IPO 上市的區塊鏈企業。

作為備受矚目的「區塊鏈第一股」，其上市之路可謂一波三折。早在 2016 年 6 月，嘉楠耘智曾嘗試「借殼」A 股上市公司魯億通，但最終失敗。2017 年 8 月，嘉楠耘智又申請掛牌新三板，也未能成功。這兩次失敗可能與中國大陸當時在「借殼上市」與「區塊鏈」方面政策較為敏感有關。在中國大陸上市受挫後，嘉楠耘智又轉向了港股。2018 年 5 月，嘉楠耘智擬以紅籌形式在香港主板上市。六個月後，又遭遇了港交所的回絕。2019 年，市場一度認為嘉楠耘智可以在科創板上市，但接近年末時，嘉楠耘智最終選擇了踏上了赴美上市的征途。

繼嘉楠耘智後，2020 年 6 月 26 日，中國礦機巨頭億邦國際在納斯達克上市，成為嘉楠科技之後第二個在此上市的中國礦機巨頭。

◎ Coinbase —— 首家直接上市的加密貨幣公司

加密貨幣交易所 Coinbase 於 2020 年 12 月 17 日宣佈,已向 SEC 提交了 S-1 表格的註冊聲明草案,將申請直接上市。S-1 表格中顯示,該交易所在 2020 年的營收超過 12 億美元,創造了 3.22 億美元的利潤。2021 年 4 月 14 日,Coinbase 股票成功在納斯達克直接上市。上市時的參考價格為每股 250 美元,開盤價為 381 美元,盤中高點為 429.54 美元,最終收盤價 328 美元,收漲 31.31%,市值達到 610.56 億美元。

Coinbase 是首家上市的大型加密貨幣交易所,投資者將其直接上市視為加密貨幣進入主流的一個重要里程碑。

直接上市和 IPO 上市的區別在於,直接上市更加民主。傳統的 IPO 流程是從上市公司和承銷商(大型投行)之間開始的,雙方商定發行的條款和結構(包括開盤價),承銷商隨後會將這些 IPO 股票提供給對沖基金和共同基金等客戶,而個人投資者是沒有辦法參與定價,也沒有辦法購買到低價股票的;而在直接上市中並不涉及承銷商,在股票開盤時,任何人都可以平等地參與購買,其價格也由市場供需來決定,更加反應真實價值。

Coinbase 首席執行官 Brian Armstrong 也表示:「我希望從第一天起就有一個真正的市場來決定價格,而不是關起門來決定,我覺得這更符合加密世界的精神。」Coinbase 每股 381 美元的開盤價(市值達到 995 億美元)也反應了投資人的巨大熱情。

◎ SPAC 為區塊鏈公司上市打開通道

SPAC 是英文 Special Purpose Acquisition Company 的簡稱,即「特殊目的收購公司」。SPAC 成立的唯一目的在於上市之後,通過增發股票併購一家私有公司,即 SPAC 併購交易(De-SPAC Transactions),從而使該私有公司迅速實現上市,而 SPAC 的發

起人及投資人實現投資回報。SPAC 在完成併購交易之前為空殼公司，其自身不存在任何其他業務。SPAC 是有別於傳統「IPO 上市」和「借殼上市」的另一種上市方式，也是美國合法上市方式之一。SPAC 上市模式具有時間快速、費用少、流程簡單、融資有保證等特點，近幾年被很多互聯網、區塊鏈和加密資產公司所青睞，2020 年通過 SPAC 上市的公司總募資已經超過了 500 億美元。2021-22 年，我們會看到一批區塊鏈公司通過這樣的方式上市。據彭博統計，目前至少有八家區塊鏈和數字資產相關的公司在籌劃上市。

洲際加密交易所旗下的數字資產交易所 Bakkt 已經宣佈與特殊目的收購公司 VPC Impact Acquisition Holdings 進行合併，預計也會在納斯達克上市，預期市場估值為 20 億美元。Bakkt 是洲際交易所 Intercontinental Exchange 推出的專門用於加密貨幣交易的交易所，獲得眾多知名投資方的支持，包括 Horizons Ventures、微軟風險投資 M12、騰訊大股東 Naspers 等。2018 年 8 月 ICE 宣佈 Bakkt 計劃，到 2019 年 9 月 Bakkt 正式上線。Bakkt 持有交易（DCM）、清算（DCO）和託管（BitLicense）的三張美國牌照。Bakkt 的產品主要為實物交割的比特幣期貨合約，有月度合約和日內合約，和 CME 現金交割的期貨有很大不同。不過 Bakkt 的成交量較小，每天很少超過 1 億美元，而 CME 每天成交至少都在 5 億美元以上。Bakkt 和 CME 都是每週只運轉五天。

美國最大的機構級加密貨幣借貸公司 BlockFi 也選擇同樣的上市路徑，它是以借貸為突破口強勢崛起的加密資產借貸公司，允許用戶進行加密貨幣的抵押，如使用比特幣和以太坊作為抵押品，來進行美元貸款。BlockFi 連接借款人和徵信局，會對借款人進行信用評估。此外，一般加密貨幣持有人，也可以在 BlockFi

開設加密貨幣利息賬戶（BIA），來獲得一定的以加密貨幣計價的利息，如同加密世界的銀行一樣。除借貸外，用戶也可以在 BlockFi 平台上進行數字資產交易。除了對零售投資者的覆蓋外，BlockFi 近期也開始了對機構投資人的 OTC 服務。BlockFi 由 Zac Prince 在 2017 年創立，其投資人包括 Winklevoss Capital、Valar Ventures、Morgan Creek Digital、CMT Digital Ventures、SoFi、HashKey Capital 等知名投資人。在 BlockFi 的投資人中，美國領先金融科技公司 SoFi 也通過這種模式進行上市，估值最高達到 220 億美元。

參考資料

〈區塊鏈投資機構類型〉，The Block 網站（https://www.theblockcrypto.com/amp/genesis/17915/mapping-out-the-investors-in-the-crypto-ecosystem）。

〈最活躍的 10 大區塊鏈投資機構〉，The Block 網站（https://www.theblockresearch.com/mapping-out-the-10-most-active-crypto-funds-2020-investments-87474）。

〈傳奇風投 a16z 如何玩轉加密貨幣：圖解投資版圖與策略〉，Chainnews 網站（https://www.chainnews.com/articles/603545490608.htm）。

〈斯文森 VS 巴菲特：真正的投資大師〉，新浪財經網站（https://finance.sina.com.cn/stock/usstock/c/2019-11-22/doc-iihnzahi2611382.shtml）。

〈Pantera 投資組合〉，The Block 網站（https://www.theblockresearch.com/mapping-out-pantera-capitals-portfolio-13154）。

〈一文看懂頂級機構 Polychain Capital 投資版圖〉，新浪網（https://k.sina.cn/article_6465571420_18160ca5c01900ixtk.html?from=movie）。

〈DCG 的投資組合〉，Coinvigilance 網站（https://coinvigilance.com/mapping-out-digital-currency-groups-portfolio/）。

Coinbase 網站（https://www.coinbase.com/products）。

第 13 章

未來十年的區塊鏈投資展望

十年前如果說區塊鏈會生長出如此繁榮的生態，可能不會令人信服；但是十年後，區塊鏈全球參與者超過 1 億，從個人、金融機構、監管、央行，到跨國合作組織，每個參與者都被這一場席捲全球的去中心化風暴所裹挾，進入到一個不得不重視，也無法不重視的階段。區塊鏈的開放和包容，為每一類參與者都留下了可以開放參與的機會。

比特幣從誕生那一天起，就承載了非凡的使命，從一個小圈子中討論的新潮技術，不斷地擴大影響力，從一個新奇的理念結合體，到不斷地產業化，不斷地「破圈」，至今已經幾乎無人不知。過去十年間，無數的參與者湧入這個行業，有的人春風得意，有的人黯然離場，有的人躊躇滿志，但總的來說留下的多，離開的少。這個行業的巨大魅力，就在於開拓了未知的戰場，而又實現了先人的理念，探索了組織和生產關係發展的邊界，是數十年來金融和科技發展融合的結晶。

13.1　下一代區塊鏈的發展

在技術上，區塊鏈和目前非常流行的人工智能、雲計算、大數據相比，並不是劃時代的技術，而是各種技術的有機結合及經濟激勵的恰當實現。比特幣所用到的技術都不是中本聰所獨創的，其根基分佈式賬本、點對點技術、非對稱加密，都是於上個世紀發端。比特幣是一個非常好的試驗，公眾參與中心化系統，進行了真實環境下的考驗。我們預計區塊鏈在技術上走上正軌，並開拓出新的東西，並不會是在第一代或者第二代，而將會是在第三代、第四代，甚至以後。區塊鏈的每一個突破，都不是純粹技術上的突破，都是「生產力＋生產關係」模式，即都是用技術實現可

能性，用經濟激勵去保證可行性。例如，共識協議從 POW 轉向POS，就是激勵模式的改變，而底層模型改動不大。

所以區塊鏈發展路徑也不是被技術所框定的，而是被制度和經濟模型所框定。比特幣的去中心化理念被接受，價格和產業化形成了相互激勵，這是比特幣發展至今的核心路徑，而並不是技術創新帶動生產力進步。

與其他先進技術的純效率導向不同，區塊鏈本身就是有考慮到大眾的，是為了讓更多的人去公平參與。純粹的科技層面可以做得很細分，可以很小眾，很少人參與，只有幾家大公司、大機構掌握，但是可以做出大的產業。而且區塊鏈最大的創舉是讓經濟激勵直接在內部完成，即毋需一個外在的貨幣體系，形成了一個絕佳的閉環，也就是一切的勞動、付出、回報、所得，都在一個經濟體內部完成，也創造了一個新的資產類別。區塊鏈天生就是「行業＋技術」，更本質地說，區塊鏈創造的是兩個東西，一個是以分佈式系統、共識機制、密碼學組成的技術產業，以及「經濟激勵＋另類資產」組成的新的金融產業。我們將會看到這兩個產業並行發展，而且在一定程度上相互促進，但又可以相互獨立。

13.1.1 金融應用的再造

我們認為，未來區塊鏈上可以再造一個簡易版、平民版的金融系統，與現有金融系統形成平行結構。

（1）金融系統在近 40 年來已經實現了全面的電子化和憑證化

所有的功能，都基於各個金融組織的中央系統而實現。像銀行三大功能存款、貸款、匯款等，都是可以通過改變業務雙方賬戶的記賬就可以實現，並不需要實體物體的轉移。所以目前所用的金融合約都不是直接的，都是基於合約和記賬的，是法律認可

這種記賬的存在，如存款對應認可的債券、股票對應客戶的提取權，客戶本身並不直接持有甚麼資產，持有的是受法律認可的憑證。而全面電子化和憑證化的金融系統，正是區塊鏈再造金融的一個基礎：本質上這些功能都可以通過區塊鏈上的智能合約來實現，區塊鏈也有資深的賬戶、甚至身份管理系統，本身也是一個支付系統。所以與任何和實物交換掛鈎的經濟系統不同，區塊鏈天生就具備把金融系統進行改造的能力。

DeFi 具備成為這種金融系統的潛力，但可能還不夠。目前的系統承載、交易量級、合規程度，都不足以讓大型機構將金融功能完全轉移過來。要面對的問題，也並不只是一個「技術升級—遷移—使用—擴展」的過程，還面對傳統舊規範的挑戰，任何人都不能放棄目前底層的金融基礎設施帶來全球化的好處。而且就純粹的經濟效益而言，除非效能可以高出 10 倍，才有遷移系統的動力，金融本身的風險太高，可能承受不起。

但是前路並不是只有一條，開放式金融的目標市場並非如此。如果從潛在市場的角度而言，傳統金融集中於優質客戶，而開放式金融服務則集中於長尾客戶。像《全球金融包容性指數》指出，全球還有 17 億人口沒有銀行賬戶，但是其中三分之二都有手機，這些人口都有可能成為開放式金融的潛在用戶。當然傳統金融也會競爭這部分用戶，問題在於傳統金融都存在一定的獲客成本。

（2）區塊鏈本身就是一個清結算底層

清結算是金融系統裏的重要功能，而且是底層基礎設施，和上層的支付活動不一樣，清結算對系統穩定性和處理能力要求更高。全球主要發達經濟體的支付系統底層都是高效的清結算層，比如是即時全額結算系統（RTGS）或者延時淨額結算系統（DNS），就像歐洲 TARGET2、英國的 CHAPS、美國的

FEDWIRE/CHIP、我國的大額即時支付系統等。傳統的結算層都是作為工具出現的，而且都是內部網絡，上面有中央銀行或者行業協會監管，下面都是需要使用網絡的會員，結算的是法幣。

區塊鏈本身就是一個清結算底層，而且也是即時全額的，只是採用分佈式系統，結算採用開放網絡通證，而參與者也是開放的，支付、清分、結算在一層完成。未來可以成為全局結算網絡的公鏈系統，必須有以下幾個特徵：1）網絡形成很一致的共識；2）網絡形成很高的價值；3）網絡具有較快的處理速度。實際上以上就是安全、去中心化和可擴展性的「不可能三角」。未來的公鏈網絡（或其替身）一定會放棄其中一個（一定程度的去中心化）來換取成為清結算底層的位置，除非有劃時代的技術出現去打破這一架構。

13.1.2 跨資產類別投資的重要標的

去中心化資產會正式成為重要的資產類別。

雖然行業多年都談到機構進場、機構持有等等。但是我們認真看一下機構進場的路徑就知道，當中並不簡單：其一，是合規的平台，包括比特幣的信託、CME/bakkt 的比特幣期貨；其二，是合適的契機，機構的背後是普通人的需求，普通人必須明白比特幣存在一定的價值；其三，是未知風險的對沖，自 2008 年金融危機之後，全球央行的寬鬆政策，已經造成了資產價格的大幅提升，而新冠疫情正式加劇了放水的過程，美聯儲的資產負債表和放水前相比，已經擴大一倍之多。這些多餘的流動性一大部分會被資本市場消化，一部分轉化為消費品價格上漲，股票、黃金已經進入到非常高的位置，還需要另一種可以對沖這類型風險，但又截然不同的模式，那就是比特幣這種類似黃金（但又不是黃金）

的東西。

當然，如果機構只認可比特幣，那區塊鏈也將止步於此，表明未來十年來的行業發展，並不比十年前那個劃時代的東西更寶貴。所以我們認為總資產屬性上，區塊鏈一定會過渡到另一類被主流機構認可的資產類別，即分佈式系統的經濟激勵代幣。

我們認為區塊鏈資產的價值發現路徑是這樣的：

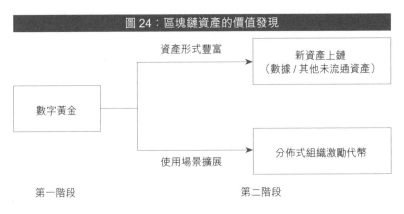

圖 24：區塊鏈資產的價值發現

資料來源：HashKey Capital

我們目前已經看到這種趨勢，包括以以太坊為代表的第二代公鏈、以 Polkadot、Filecoin 為代表的第三代公鏈。它們和比特幣最大的區別是，並不純粹是一種支付手段，而是形成了一個自成一統的生態系統，實現了一定的應用效果（utility）。雖然比特幣一開始也被設計成支付的 utility，但已經向數字黃金愈來愈靠近了。

Utility token 也會有新的含義，是一個有實質經濟系統、可解決正常問題的，會回到經濟的本質。可以理解為一種新的持份者的表現形式，或者是一種新型的權益憑證：一個組織，無論是公司、企業、政府都會有眾多的持份者，當這種組織是股份制公司

的時候，可以把公司的收益權和投票權變成股票這種形式供市場參與，這是把股份制公司價值分散化的一種方式。這種分化公司權益的形式並不完全，只代表了一部分持份者，即股東的權益，但是公司還有其他一些持份者，包括員工、上下游供應商、終端用戶，有的一定程度享受到了公司發展的好處，而有的人沒有。開放分佈式組織激勵代幣可以一統所有，成為新興的權益憑證，讓大家參與。

13.1.3 新戰場 —— 數據資產

（1）缺乏資產

區塊鏈作為切換式網絡，目前還缺乏真實可交換的資產。比特幣可以成為一類數字黃金，但是只有數字黃金的比特幣獨木難支，沒有強大的區塊鏈交易媒介，比特幣也會失去價值。前面提到的再造一個金融系統，需要長時間地去磨合、適配等。和真實世界相比，區塊鏈有價值或者有共識的資產還是太少了。

（2）傳統資產也依靠共識

物理世界的資產價格，也是由共識產生，比如股票、房產、固定收益，然後由契約保證。由一整套的定價理論支撐，被學界、商界、投資界乃至普通人都接受，也是花了幾百年時間，股票的歷史長達 400 年。如果仔細想想，所謂契約的保證，現金流的支撐，也不過是因為相信而已，這些東西變化起來也是非常之快，這也是為甚麼資產價格有波動，只是相信的程度不一樣，相信的實體不完全重合罷了。

所以在區塊鏈的價值交換層面，一定要引入真實世界資產的。這項工作已經開展了多年，而且是想合規地作為證券去發行，也就是所謂的 STO。但是也面臨着挑戰，即其實有資產證券化這

樣的工具存在，真正有價值的、缺乏流動性的資產，大部分已經被挖掘了。發行那些小的資產，流動性又不佳，也不會受到市場歡迎。

（3）數據資產

有哪些鏈下有共識，又可以跑在區塊鏈網絡上的資產呢？我們認為物聯網可以貢獻這樣的資產，即全新的物理世界數據。網絡世界裏，隨着節點愈來愈多，以及節點之間的通信愈來愈多，產生的數據量隨之擴大。而另外一個方向，當數據的傳輸速率愈來愈高時，產生的數據也開始愈來愈多。物聯網搭配 5G 就是一個「數據來源 + 傳送速率」的雙擊，大量的節點及更高的傳輸速率，令中心化的處理模式沒有辦法去處理這些數據，所以必然借助分佈式的資料庫（即本地去處理）。而這些數據，源源不絕，供應不斷，正好成為區塊鏈上的資產。數據可以被交換、使用及計算，這是未來數據資產被激活的開始。除了 5G+ 物聯網創造出來的數據以外，舊時代的數據也適用。

（4）舊時代的數據：離散化、待開發

雖然全球每年都產生大量的數據，而且被互聯網公司所佔有，但除此以外，還有大量數據處於信息孤島，即在各個中小企業、政府、公用事業、民間組織等處，都有大量歷史數據沉睡，沒有經過有效的開發。但是這些數據的價值在於其獨特性，以及不可複製性，比如水、電、煤、交通等消費數據、醫療和保險等數據，與互聯網數據完全不同。

互聯網公司數據的趨勢也是要回歸大眾了，這是政策導向決定的，如歐盟、美國都開始禁止互聯網公司濫用數據。未來用戶把數據拿在手裏，如果不加利用，也純粹保障了隱私，但反倒埋沒了其價值。所以當數據真正返還大眾的時候，有需要拿數據進

行變現時，就一定需要一個真正自由的、開放的、可交易的市場，為這種交換提供場所，缺乏這類的場所用戶還可以選擇將數據返還給互聯網公司，進行價值交換。C2B 的交換，必然面臨價格的打壓，以及就算沒有價格壓制或者歧視，互聯網公司也會通過各種隱性成本，讓這種交換最後看起來並不公平。

區塊鏈提供的底層網絡，是一個真正符合開放精神的點對點的對等網絡。區塊鏈可以令數據資產產生交換價值，但並不保護資產的價值。基於密碼學的安全多方計算，可以保證所有權和使用權分離。數據的隱私保護是現實世界的趨勢，基於密碼學的安全多方計算，令數據獲得可計算、可交換的價值，而基於區塊鏈的底層交換和清結算網絡，為數據資產的交換和流通提供場所和功能。數據資產可以來自未來的物聯網，也可以來自信息孤島數據的啟動，也可以來自互聯網數據可控自主後的再分配。

13.1.4 社區化的投資值得關注

如何投資區塊鏈行業是本書的落腳點。雖然投資是一項古老的商業行為，投資區塊鏈行業和投資其他人工智能、大數據、雲計算的行業相比，也沒有甚麼特別之處。可是根據我們的認知，區塊鏈投資也會跟以往不同。

一些有意思的方向是，投資也可以社區化了。傳統投資的主體就是機構和散戶，機構是商業公司，散戶是個體。但是未來社區型的投資組織可能也會繁榮，比如像 OpenLaw 開發的 The LAO 投資組織，LAO 參與成員可以通過購買 TheLAO 權益，參與投票、資金分配和投資等多個決策過程。每位成員可以通過貢獻一定數量的 Ether 以獲得 1% 的投票權和利潤，TheLAO 通過智能合約 Moloch 將資金分配給以太坊上的項目，並進行投資，成員集體

通過投票進行投資的決策，已經支持去中心化資產管理、交易衍生品、NFT、開發工具和基礎設施等多類型的項目。

從 2020 年夏天 DeFi 的熱潮來看，其輿論高地是 Twitter，各類 KOL 競相在 Twitter 上表達意見，吸引各類資金參與。項目的進展不斷在 Twitter 上披露，引起一波一波的追捧。一些傳統資金似乎很快適應這樣的節奏，開始在 Twitter 上紛紛的搖旗吶喊，社區的消息也從 Twitter 上不斷擴散，中國社區也開始不斷適應 Twitter 的節奏，習慣去獲得新的信息。整個 DeFi 的起步到投資的流程就非常的社區化，和傳統的 crypto 的投資有很大不同。之前的 crypto 項目還有白皮書，而 DeFi 火熱的時候，白皮書都沒有，創始團隊一篇介紹及在 github 上發放代碼，一個項目就開始了。模仿程度較高的項目仍然能獲得熱度，不比 VC 投資拿到的錢少。社區的 KOL 會進行項目分析、引導等過程，整個熱度就被帶起來了。

所以我們覺得社區主導的投資在未來也會成為區塊鏈投資的一種形式，因為更接近於草根的形態，更符合區塊鏈去中心化的精神，更能讓普通參與者有一種為項目貢獻的感覺。但是社區投資也有很多弊端，在市場條件比較好的時候，由於大批人蜂擁而至，項目價值上升，很多問題都被掩蓋了，一個項目出了問題，另一個項目也可以接過來。

投資畢竟還是一種專業，社區蜂擁只會形成資金流的閉環，但是無法識別價值，識別價值需要一定的專業能力。但是社區化的投資至少提出了這個可能，即區塊鏈的投資可能同時存在 VC 和社區化的投資，兩個並不排斥，甚至存在一定重疊，比如 VC 的合夥人也可以成為社區領袖或者 KOL，KOL 也在社區裏為項目搖旗吶喊，相互借助不同領域的優勢。

13.2 未來十年的投資方向

未來的投資，我們會着眼於以下幾個方面：

13.2.1 致力挖掘商業價值

區塊鏈的發展將從「技術發展—擴展應用—社區搭建—商業實現」四個階段進行下去，未來區塊鏈的價值將由兩部分決定，一部分是由信念的凝結成就社區和共識價值，另一部分就是真正的商業價值，這是技術和應用的結合帶來的。

區塊鏈前期的發展，價值基本都在共識部分，比特幣是很明顯的例子。以太坊這樣的所謂面向應用的鏈，商業價值也是十分薄弱的。但是共識的部分不是孤立的，最終還是取決於商業價值，所以比特幣可以只依靠價值，應用型的鏈靠共識走不了多遠。真正有鏈可以商用之時，區塊鏈才算真正的活化起來。聯盟鏈是最早的可以投入使用的區塊鏈，為了商用都在降低成本，更像在打磨一個 2b 的互聯網產品。聯盟鏈也不涉及合規性，可以很快地推廣。預計公鏈的商業性會晚很多出現，這可能是一個 2b 和 2c 兼

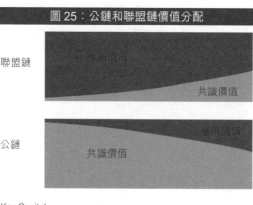

圖 25：公鏈和聯盟鏈價值分配

聯盟鏈

商業價值

共識價值

公鏈

共識價值

商業價值

資料來源：HashKey Capital

顧的平台,要負載的業務邏輯更複雜,圖 25 是兩類鏈的價值體現。

　　企業級的應用是最早可以開始使用聯盟鏈的場景,如 R3、HyperLedger、Facebook 的 Libra(已更名為 Diem)也從公鏈轉向了聯盟鏈。在中國,各大企業也也推出自己的區塊鏈平台,如螞蟻、騰訊、京東、百度等。企業級的區塊鏈市場還較小,但是發展速度較快:

　　IDC 估計到了 2024 年,中國區塊鏈市場的整體支出水平將達到 22.8 億美元,CAGR 約為 51%。

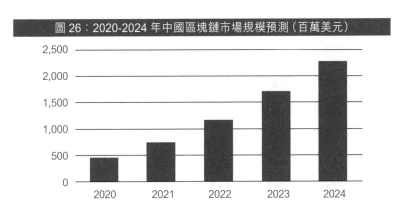

圖 26:2020-2024 年中國區塊鏈市場規模預測(百萬美元)

資料來源:IDC 網站

　　中國目前為全球區塊鏈市場第二大的國家。根據 IDC 的估計,2020 年中國區塊鏈技術方案的總投入將達到 4.7 億美元。2019 年到 2023 年,年複合增長率為 60%,而全球區塊鏈市場支出也將在 2023 年達到 140 億美元以上。

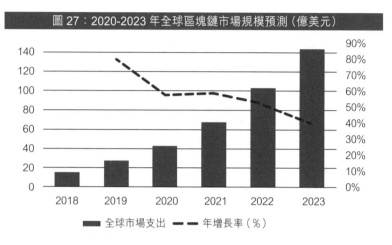

圖 27：2020-2023 年全球區塊鏈市場規模預測（億美元）

資料來源：IDC 網站

　　IDC 的十大預測也為區塊鏈商業化提供了參考，我們挑出幾個覺得可能性非常大的情況：

- **跨境支付**：到 2023 年，中國 40% 的一線金融機構將使用區塊鏈網絡處理點對點的跨境支付。
- **區塊鏈服務**：到 2023 年，中國企業將在區塊鏈服務上的投入佔企業管理服務支出的 29%。
- **AI 與區塊鏈**：到 2024 年，中國超過 50% 的受監管公司將應用區塊鏈支持可解釋的 AI。
- **分佈式供應鏈**：到 2024 年，中國 85% 的集裝箱運輸將由區塊鏈跟蹤，其中的一半將使用區塊鏈支援的跨境支付。
- **數字貨幣**：到 2023 年，中國 10% 的城市將開始使用基於區塊鏈的數字貨幣，以促進經濟穩定性和電子商務發展。

　　中國的產業區塊鏈大有可為，像萬向區塊鏈和矩陣元合作開發的企業級區塊連技術底層 PlatONE，提出了一種以隱私計算為特色的企業級聯盟鏈基礎設施，以滿足企業共用與隱私的要求，

提供了多種創新性技術和功能，包括：安全多方計算、同態加密等密碼學技術植入、優化的高效共識、高 TPS、完備及易用的企業級工具鏈和元件、優化的用戶 / 權限模型、多開發語言支持等特性，旨在解決當前聯盟鏈發展中存在的困境。我們也發現很多其他地區的企業，致力於現有商業系統中發掘機會，並輔之以區塊鏈系統，比如 Lightnet 集團，獲多家東南亞知名金融機構支持，使用基於 Stelllar 的原生區塊鏈網絡來提升跨境匯款的效率。

13.2.2 致力將投資和建設相結合

區塊鏈雖然誕生於密碼朋克，但是發展和投資密切相關。而且投資在很多意義上並不是真正的所謂傳統投資，更帶有一些捐贈、撥款、獎勵的性質。很多團隊都致力解決一些小的問題，隨着解決愈來愈多問題，漸漸變成了一種產品，需要更多的人力、更多的資源，甚至需要成立一個組織把產品擴大，這中間就牽涉到不斷融資的過程。但多數項目止步於產品化之前，很多投資沒有達到想要的效果，但是從另一個角度說，行業需要試錯，這些都可以視為對行業作出的貢獻。時至今日這種試錯成本仍然大規模存在，比如像以太坊、Polkadot 等公鏈的基金會，也在不遺餘力以項目捐款的形式，分撥款項給項目方。

13.2.3 致力探索合規產品

區塊鏈天生就自帶金融屬性，這也是 12 年來可以席捲全球的一個基本原因，有金融就有炒作，有炒作就有市場，這是實際存在的情況，也是不容忽視的現實。但是未來呢？未來不能仍然遊走於合規之外，區塊鏈作為一項技術沒有合規之虞，但是另一面即金融層面，始終是難以遊走在監管之外的。作為 Token 的承載

體，公鏈的命運也一直和金融屬性緊密相連。

作為投資機構，我們面臨的一個必然問題就是，如何構建一個合規的產品框架，讓區塊鏈這個金融產品，可以進入到大眾視野。一類方法就是在已經合規的地區，去申請相應的牌照。其實這還是在看美國，因為自比特幣 ETF 這類產品進入大眾視野以後，其合規屬性一直被證監會所考量，尤其是否存在操縱的問題，大多數申請者在 2020 年已經遭到了駁回，從 2018 年底到 2020 年初的申請熱潮，逐漸煙消雲散。但是這並不表示對未來沒有影響，2021 年開始比特幣的 ETF 又開始出現了蜂擁申請的情況。這證明了是有一條正式的渠道去和監管溝通，而不是一個無人探索的灰色地帶。最近加拿大通過了比特幣和以太坊 ETF 的上市，隨着市場好轉，重燃了市場的希望。比特幣 ETF 又出現了扎堆申請的情況。

第二類方案就是積極在一些對區塊鏈非常友好的地區，從事相關業務，如中國香港、新加坡。就投資產品而言，這些地方在一個或者多個層面，都已經開始着力於虛擬資產的監管，即所謂的交易所、投資、資產管理、發行、代幣類證券，其實都有所涉及。而且即便是在目前的法律框架下進行，也完全可以，只是合規程度和受眾性不如傳統產品。如不能公募，也不能銷售給個人投資者等。

第三類方案就是非常遠期的，在一個或幾個主要的資本市場，全部建立起相應的合規制度框架後，發行完全合規的產品。目前的金融產品的發行架構也不複雜，只是需要接納虛擬資產作為未來的底層資產。當然這個方案在全球主要國家和地區都開始進入合規進程（美國、日本、歐洲、新加坡、中國香港），需要全球監管的共同攜手。

　　目前打造一個合規的產品是有先例可循的，Grayscalse 已經做到了接近 200 億規模，全球私募類型的風投基金和對沖基金也有上百億，佔目前數字資產不到 2%（按 200 億計算）。如果中國香港及新加坡的合規完善以後，規模會更加龐大。合規投資產品的最後一步就是面向零售投資者的可公開募資產品。

13.2.4 生態建設

　　未來的投資也會是「投資 + 建設」的模式。我們的建設模式也主要是生態導向的，即依託我們這樣大的生態，為項目賦能，如客戶、社區、圈層以及合作夥伴，包括投資人。以投前（資金支持）加積極的投後管理（項目）賦能的模式，將投資和項目建設進行結合。目前我們在做的，就是加速歐美項目進入亞洲市場的過程，以合作的模式，在亞洲的市場構建項目。甚至在亞洲內部及不同區域間交換信息，也可以進行互通。比如萬向區塊鏈和和波卡組織的 bootcamp 加速營，就是為優質的區塊鏈項目提供一站式的服務，實現資源對接和技術支援，協助項目加速成長。

13.2.5 項目互通與學術研究

　　另外一種模式就是項目之間的合作，我們的投資組合接近 50 個項目，涵蓋技術底層、中介軟件，上層應用、金融服務等多個層面，項目本身也有對應的需求。所以說，通過這種積極模式，可以加速項目的成長，打破不同項目之間的隔閡，同類項目可以獲得交流的機會，目前來看效果良好。還有一種建設的類型也在進行中，就是直接為學術機構出資，為各種技術的研究機構出資，這是建設線上然後尋找投資方向。

13.2.6 找到真實場景

建設的另一層面，在於如何擴大我們的生態圈，以及為區塊鏈的商用找到真實的場景。如前所述，公鏈的商業價值要很長一段時間才可以顯現出來。目前來看，除了進行以跨境匯款為主的，或者廣義支付、資產儲備為特點的場景外，公鏈的進一步應用，就是從資產貨幣屬性進入到解決實際問題，還有比較長的路的要走。公鏈都是有自己的價值定位的，如以太坊定位為「世界電腦」，目前有向金融資產清結算底層發展的趨勢，即以後所有的金融資產及鏈上資產，都會以以太坊作為一個交換的底層，以以太坊的安全性作為全局安全性的保障。Dfinity 開始重新定義世界電腦，將把自身作為公共互聯網的一部分，廣發構建 Dapp、 App 以及企業內部系統，一站式託管全球軟件。很多都是以公鏈作定位，聚焦未來的發展，但大多從技術角度考慮，沒有考慮經濟角度。就像互聯網早期發展一樣，也只是建立了一個協議，至於在上面跑甚麼、怎麼跑、效果如何，前人不能預知，互聯網的真正飛躍是在移動互聯網，也就是基礎設施開始飛躍的時候。如果類比於區塊鏈，真正的基礎設施建設還沒到來，大規模的商用空間有待出現。

13.2.7 致力數字化趨勢的拓展

數字化遷徙是人類必然面對的趨勢。傳統經濟的大部分運轉離用戶都很遠，而進入互聯網時代，用戶直接面對最大的互聯網公司的產品，上傳了自己的數據，數據直接被互聯網公司使用。新的數字化時代，數據的所有權必將回歸用戶。我們的投資其實就是要在這個大趨勢下，發現機遇。物聯網是我們看好的方向，

許多業內人士也認為物聯網、5G 和區塊鏈的結合是非常好的突破。物聯網廣而言之是一個像網際網絡的關係體，但實質上是一個分佈式、碎片化的網絡，可以交換，需要區塊鏈網絡來進行記賬、交換，保障數據的真實性，並提供交換價值的基礎。

還有一個方向就是數字金融，以 DeFi 為代表的開放式金融已經為數字金融的發展打開了序章。一個非常可靠的數字資產切換式網絡將會在區塊鏈上誕生，有資產必不可少的就是金融，這是一個順理成章的發展過程。樂觀的預計，數字資產的規模體量將會在相當長的一段時間內與傳統資產相近。

數字化是一個比區塊鏈更宏大話題，於區塊鏈是不可缺少的一環，是信任和交換資產的底層，當所有的商業邏輯全部數字化之後，區塊鏈才會展現巨大的潛力。可以預計，在 10 年後，當我們進入沉浸式的數字化生活，回顧區塊鏈 20 年的發展歷史，一定會心懷感激地對過去先驅們的貢獻表達敬意。而我們的投資過程，只是為這個無可阻擋的數字化趨勢，作一個小小的注腳和推動。有幸可以見證這個巨變的時代，並能在浪潮中尋找不曾出現的機會，每每想到此，我們便會激動不已。

參考資料

〈IDC：未來五年，中國區塊鏈市場規模年複合增長率將達 51%〉，IDC 網站（https://www.idc.com/getdoc.jsp?containerId=prCHC46978820）

〈IDC 預測，中國區塊鏈市場支出規模增速放緩， 2020 年達到 4.7 億美元〉，IDC 網站（https://www.idc.com/getdoc.jsp?containerId=prCHC46302420）

附錄

詞彙表

詞彙	英文	釋義
分佈式賬本	Distributed Ledger	通過分佈式網絡進行儲存數據和記賬的數據集。
分佈式網絡	Distributed Network	通過分佈式的節點處理和儲存數據的網絡。
區塊	Block	記錄區塊鏈網絡上賬本的數據格式。
點對點	Peer to Peer	網絡中節點和節點的互動不依賴第三方進行。
區塊鏈	Blockchain	將區塊以鏈式結構串起來的分佈式對等網絡。
密碼學	Cryptography	數學的一個分支，可以以數學證明的形式提供安全性，比如進行加密、解密等活動。參與者持有密鑰。
地址	Address	區塊鏈網絡的轉賬地址，類似銀行戶名。
比特幣	Bitcoin	全球首個點對點、去中心化區塊鏈網絡。比特幣即是該網絡的名稱，也是於該網絡運行的轉賬貨幣的名稱。
以太坊	Ethereum	全球首個搭載智能合約的區塊鏈網絡。
智能合約	Smart Contract	由函數組成的一段程序，可以運行在區塊鏈網絡上，並執行特定功能。智能合約由電腦科學家、密碼學家尼克·薩博於 1994 年提出。
哈希	Hash	對於一段數據執行哈希函數（散列函數）的行為。
哈希率	Hash Rate	電腦每秒可以執行哈希運算的次數。
挖礦	Mining	通過運行哈希，計算及驗證區塊鏈交易的行為，礦工作為驗證者可以獲得驗證獎勵。
礦池	Mining Pool	將礦工算力集合起來，專門提供礦機託管、營運、維護等服務的企業或公司。
私鑰	Private Key	區塊鏈網絡中的密碼，是一組數據串，擁有私鑰可以控制加密貨幣錢包。
公鑰	Public Key	由私鑰進行加密而來，公鑰進一步加密就可以作為區塊鏈地址所用。
冷錢包	Cold Wallet	平時很少與網絡連接的數字貨幣錢包。
熱錢包	Hot Wallet	時常和網絡交互的數字貨幣錢包。
分佈式自組織	DAO	去中心化自治系統，由規則去治理，沒有主導方。

詞彙	英文	釋義
去中心化應用	Dapp	去中心化應用，構建在區塊鏈網絡上的應用，該應用沒有明顯的控制方。
去中心化金融	DeFi	去中心化金融，Dapp 的一種，可以執行各種金融功能。
工作量證明	POW	區塊鏈網絡達成共識的一種形式，驗證者需要提交哈希證明結果。
權益證明	POS	區塊鏈網絡達成共識的一種形式，驗證者需要持有一定的該網絡的數字貨幣。
共識算法	Consensus Algorithm	分佈式網絡中讓不同節點認可某一結果的一套規則。
分叉	Fork	從現有的的區塊鏈網絡中創建出不同的版本。
通證	Token	也可稱為數字貨幣、數字資產、虛擬資產，某些情況下可以混用，取代網絡裏運行的支付貨幣。